海洋智能装备技术与应用

刘同木　主编

華南理工大學出版社
SOUTH CHINA UNIVERSITY OF TECHNOLOGY PRESS
·广州·

图书在版编目(CIP)数据

海洋智能装备技术与应用／刘同木主编．--广州：华南理工大学出版社，2024.12. --ISBN 978-7-5623-7856-3

Ⅰ．P75

中国国家版本馆 CIP 数据核字第 20244BL337 号

Haiyang Zhineng Zhuangbei Jishu Yu Yingyong

海洋智能装备技术与应用

刘同木　主编

张新文　周保成　银利强　副主编

出 版 人：房俊东

出版发行：华南理工大学出版社

（广州五山华南理工大学 17 号楼，邮编 510640）

http：//hg. cb. scut. edu. cn　E-mail：scutc13@scut. edu. cn

营销部电话：020-87113487　87111048（传真）

责任编辑：梁玉琪

责任校对：龙祈君　伍佩轩

印 刷 者：广州一龙印刷有限公司

开　　本：787mm×960mm　1/16　**印张**：12.5　**字数**：235 千

版　　次：2024 年 12 月第 1 版　**印次**：2024 年 12 月第 1 次印刷

定　　价：88.00 元

《海洋智能装备技术与应用》

编写委员会

前　言 PREFACE

21 世纪是海洋的世纪，海洋中蕴藏着十分丰富的油气资源、矿产资源、海洋生物资源和海洋动力资源等，加强海洋的开发、利用、保护关系到国家的安全和长远发展。加快建设海洋强国是我国在新世纪的宏伟战略目标，挺进深远海是我国从海洋大国走向海洋强国的必由之路。海洋调查是开发、利用、保护、管控海洋的前提，也是经略海洋的基础。海洋调查装备是进行海洋开发、控制、综合管理的基础，集中体现着国家海洋竞争力，同时海洋调查装备技术水平在一定程度上标志着国家综合国力和科技水平。我们需要大力发展海洋调查装备技术，不断提高我国的海洋环境监测能力。

海洋调查装备是伴随着人类科技的进步而发展的。当前，高新技术的不断出现使海洋调查装备向无人遥感化、立体观测化和智能组网观测的方向高速发展。随着人工智能、物联网等新技术的迅猛发展，人工智能与海洋装备的深度融合，评价海洋装备力量的代名词将逐步由数量、吨位，向智能化、无人化海洋装备的技术水准、规模和任务能力等转变。无人化海洋调查装备是以自动控制系统为核心，以复杂的机械系统为执行单位，能对自然能力进行延伸与强化的复杂系统。新型的智能化无人装备是在无人系统的基础上，结合传感网、数据挖掘和人工智能技术，具有自主运行、独立观测、态势感知、自主避障等智能化的控制决策系统，主要包括海洋锚系浮标、锚系潜标、自持式剖面浮标、自治式水下航行器、水下滑翔机、波浪滑翔机、智能无人艇等平台装备。

为推动我国海洋调查装备的国产化进程，实现核心技术自主可控，本书精心汇总了国内外海洋智能装备的最新进展、关键技术及应用实例。书中各章节由装备概述展开，介绍了锚系浮标、自持式剖面浮标、表面漂流浮标、锚系潜标、海床基、自主式水下航行器、水下滑翔机、波浪滑翔机、智能无人艇等海洋智能装备，内容全面深入，语言通俗易懂，旨在提供高度实用的知识资源。本书聚焦国产化技术发展的迫切需求，强调自主创新的必要性。在广泛参考国内外资料的基础上，作者将编写组在国家重大专项、重点研发项目、自然科学基金及省部级攻关项目中的研究成果融入其中，确保内容的科学性和前沿性。

本书可作为物理海洋、海洋科学、海洋工程、海洋仪器研发等专业学生的教材，也可作为从事海洋调查、海洋观测及相关研究人员的参考读物。

本书在编写过程中，参阅了国内外专家、学者关于智能海洋装备技术的大量著作和论述，特别是得到了自然资源部南海调查中心王伟平主任的悉心指导；在出版过程中，得到了自然资源部海洋环境探测技术与应用重点实验室和华南理工大学出版社的大力支持，在此表示感谢！

本书由刘同木作整体规划，张新文负责总体技术把关，刘同木、张新文、周保成、银利强统筹定稿；另外，丁奕博、黄桦、王研等人参与了本书的编写与校对工作。

本书虽为作者所在课题组多年研究和实践应用凝练的成果，但由于海洋智能装备技术属于新学科领域，限于作者水平，书中难免存在疏漏之处，敬请各位专家、读者惠予指正。

编 者

2023 年 5 月

目录

CONTENTS

目录

CONTENTS

1 绪 论

1.1 概述

海洋占地球表面积的71%，是人类可持续发展的重要空间，它在气候调节、粮食安全、能源和绿色转型、国际贸易方面发挥着重要作用。保证海上安全、维护海洋权益以及开发海洋资源、发展蓝色经济成为21世纪海洋强国创新发展的共识。世界各国对海洋的重视程度越来越高，主要涉海国家都已经制订并逐步完善了其海洋战略规划，力图在海洋竞争中抢占优势，并以此来支撑国民经济的可持续发展。我国一贯重视海洋事业的发展，党的十八大明确提出了“提高海洋资源开发能力，发展海洋经济，保护海洋生态环境，坚决维护国家海洋权益，建设海洋强国”战略。科学地认知海洋，了解海洋内各要素的变化规律，是从事一切海上活动的基础，而海洋监测就是通过海洋智能装备来测量海洋要素的变化。“工欲善其事，必先利其器”，走向深海，装备和技术必须先行。国务院发布的《中国制造2025》和《中国至2050年海洋科技发展线路图》中均将发展海洋工程装备和探测装备技术列为重点突破领域之一，就是为了更好地为海洋强国建设服务。毋庸置疑，只有拥有能够广泛进入深海环境、全面感知海洋信息的各类海洋监测装备和技术，更好地实现对海洋认知的“数字化”“透明化”，才能更好地经略海洋，才能为建设一个和平安全、和谐发展、和睦文明的海洋大家园提供技术支撑。

现代海洋环境监测装备的发展始于20世纪20年代，通过对海洋装备的感知设备、控制系统、决策策略、运维技术和制造环境等方面的不断改进和迭代，推进海洋装备向无人化、智能化发展，形成了一大批满足全场景、立体化要求的海洋智能装备，如海洋锚系浮标、自持式剖面浮标、锚系潜标、智能无人艇、无人水下潜航器。这些海洋智能装备在监测要素方面具备多要素采集、全天候监测和数据实时传输的特点；在监测范围方面已经发展到“空、天、地、海面、海底”

的立体观测阶段；在监测方法方面能够实现声学、控制、物理、化学等多学科交叉融合探测，为人类探索海洋、认识海洋和发展海洋经济提供了宝贵的基础数据。

国内外已广泛开展海洋智能装备的定点海域数据实时监测，积累了大量的理论和应用经验，为沿海各国的海洋防灾减灾、海洋气候监测、重大海洋工程施工预警等提供数据支撑。同时，围绕着新的海洋探索和测量需求，海洋智能装备也在不断向着环境要素立体全面感知、信息实时互联、数据广泛共享、应用服务安全可控的方向发展。

1.2 国内外海洋装备发展历程

近年来，世界各沿海国家都在积极发展从空中、陆地、水面、水下对海洋环境进行立体监测的高新海洋技术，海洋调查装备已由单平台观测发展到多平台组网、多系统立体监测，监测要素也从单一对象向着自然环境、目标环境、海洋活动等多要素集成方向发展，数据传输由自容储存向实时通信发展，形成了满足现场与遥感、定点和机动、业务化与应急保障相结合的全海深、全维度、全时域各种监测需求的海洋智能调查装备体系。当前，结合无线通信、物联网、嵌入式和新型能源技术，国内外在海洋锚系浮标、自持式剖面浮标、表面漂流浮标、锚系潜标、自持式水下航行器等海洋装备方面得到了极大的发展，水下/波浪滑翔机、智能无人艇则丰富了水面、水下的无人智能组网观测手段，如图 1－1 所示。

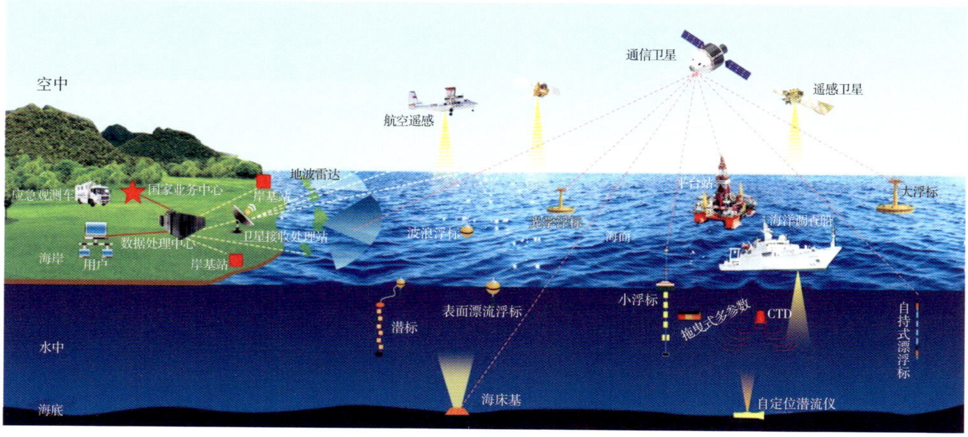

图 1－1　海洋立体观测网示意图

1.2.1 国外海洋装备发展历程

20 世纪 60 年代初，美国政府制订了一系列国家海洋学规划，大力发展海洋调查监测装备。近年来，美国政府先后出台了《2030 年海洋研究和社会需求关键基础设施》和《一个国家的海洋科学：海洋优先研究计划修订版》等规划与战略，其中海洋调查装备技术是其发展的核心领域。20 世纪 80 年代起，美国将无线电、卫星通信技术应用于海洋锚系浮标、锚系潜标、自持式剖面浮标、水下滑翔机等装备，实现数据的无人自主采集和数据实时传输，并进行了大规模的海上应用，如美国全球海洋观测系统、东北太平洋的“海王星”实时观测网、缅因湾海洋观测系统、墨西哥湾沿岸海洋观测系统等。这些应用主要测量气象、水文、生态以及目标等相关资料，可精确地预报风暴潮、海浪等自然灾害；跟踪鱼群的繁衍生长及迁徙情况；监测跟踪陆源污染物；预测赤潮的发生，有效地保障了重点海域的安全航行、防灾减灾和海洋环境保护等工作。

加拿大在 2007 年建立了加拿大海洋观测网络（ocean networks Canada, ONC），主要包括维多利亚海底实验网络（VENUS coastal network）和加拿大海王星区域性电缆海洋观测网（NEPTUNE Canada regional network），已建成国家深海观测体系。这些海洋观测网络可以提供一系列长时间序列的物理、化学、生物和地质学参数的数据，可对海洋系统科学的复杂过程和变化研究提供数据支持，使研究人员可以利用先进的技术进行变革性的海洋研究。在海洋装备领域，加拿大的海洋锚系浮标、海洋磁力调查装备、潮位测量等装备具有一定的技术优势。

日本对海洋环境监测技术的发展极为重视，20 世纪 70 年代以后逐步建立并完善了海洋监测警戒体系，主要以海洋地震监测预警为主，包括高密度地震—海啸实时观测网（dense oceanfloor network system for earthquakes and tsunamis, DONET）。近年来，为加大海洋资源开发和利用，日本政府每 5 年组织修订一次《海洋基本计划》，该计划是日本的顶层海洋战略文件，旨在通过以政府主导开展海洋领域科研项目，研发海洋调查新装备、新技术，并灵活运用载人/无人潜航器以及先进的传感器提升海底勘察能力，同时大力推进海洋领域基础研究，培养海洋科技人才。因此，日本海洋监测装备的发展处于世界领先水平，其监测仪器在轻量化、小型化、高性价比等方面取得了显著成绩，水文气象传感器、深水压力装置和部分无人调查装备在国际市场占有较大份额。

欧盟于 1985 年开始实施“尤里卡计划”，其中一项重要任务就是进一步加强企业和科技在海洋开发中的作用。2005 年建成“欧洲海洋观测网”，与潜标、浮标和近岸观测系统衔接，形成了较为完善的海洋综合观测体系。2022 年，欧盟委员会发布《为可持续蓝色地球制定路线—关于欧盟国际海洋治理议程的联合公报》，提出采取行动以实现安全、清洁和可持续管理海洋。通过该政策，欧盟各国可保持在海洋高技术领域的投入，增强区域竞争力。

1.2.2　我国海洋装备发展历程

我国是一个海洋大国，拥有长达 18 000 km 的海岸线和丰富的海洋资源。随着国家经济的快速发展和对海洋资源开发利用的迫切需求，我国海洋装备制造业得到了快速发展。我国从 20 世纪 80 年代中期开始进行海洋环境监测系统的建设，海洋技术和装备的发展取得了长足进步，在西太平洋、东印度洋、南极、北极等海域部署观测站点，初步开展全球重点海区观测。主要可分为以下 3 个阶段。

1. 起步阶段(20 世纪 70—90 年代)

我国海洋装备的发展历史可以追溯到 20 世纪 70 年代，该时期组织了海洋仪器大会战，研制和生产了 130 多项海洋仪器设备。到了 20 世纪 80 年代，我国在海洋技术装备的研发方面取得了显著的进步。1982 年，我国在西沙建成了第一个电渗析海水淡化站。1985 年，我国研制出 HR－01 型 ROV。在“七五”期间，我国还开发了海洋资料浮标和深海潜标系统。

2. 自主创新阶段(2000—2010 年)

随着科技水平的提高和经济发展的需要，我国海洋装备制造业逐渐进入自主创新阶段。在这一阶段，我国开始加大对海洋装备研发的投入力度，成功研制了一批具有自主知识产权的海洋装备。例如，在海上目标感知方面，我国已建立了以卫星、雷达为主的水面、空中目标监视体系和以重要港口、航道、海峡的水下警戒为主的水下目标探测系统，离岸数据和信息实时传输通信技术应用越来越成熟可靠。在定点装备观测方面，中国船舶重工集团有限公司、国家海洋局以及中科院等是我国的主要研究单位，长期以来积累了丰富的工程实践经验，通过技术创新、自主研发，形成了从近岸到深远海各种类型的浮标、潜标、海床基立体监测装备和仪器，为构建我国海洋环境立体综合观监测体系奠定了坚实的技术基础。在移动观测装备方面，中国船舶重工集团有限公司第七一〇研究所研制出

“海神”系列化AUV，其中巨型水下运载AUV，最大续航力2000 km（5 kn），负载能力5 t，已经过海上实战化检验。在ROV方面，我国自主研制的“海龙2号”，可在4500 m海底高温和复杂地形的特殊环境下开展海洋调查和作业。

3. 高质量发展阶段(2011年至今)

进入新时代，我国海洋装备制造业开始向高质量发展阶段转型。在这一阶段，我国海洋装备制造业的发展重点在于提高产品质量、降低成本、增强市场竞争力等方面。同时，我国还加大了对海洋可再生能源开发利用的研究力度，如海上风电、波浪能等。我国也发展出一批长期实时监测装备系统，包括实时锚系浮标、锚系潜标、海床基自动监测系统、表面漂流浮标和水面水下移动监测系统等，都获得了集成应用和示范运行，具备了对重点海域的海洋环境立体综合观监测能力。此外，我国还深度参与国际Argo计划、热带太平洋观测系统计划，建设覆盖太平洋台风活跃区、厄尔尼诺区等重点区域的长期观测系统，成为国际海洋观测的重要参与国，并积极推动与国际先进企业的合作与交流，引进先进技术和管理经验，提高自身的核心竞争力。

1.3 发展趋势

海洋科学是一门研究海洋及其周围环境的科学，需要通过观测和研究海洋现象、海洋过程和海洋系统来了解海洋，而海洋调查装备则是进行海洋观测和研究的重要工具。现代海洋调查装备的发展融合了各学科的最新技术成就，如无线通信技术使得海洋调查装备可以实时传输观测数据，以便科学家及时了解海洋状况；物联网技术可以通过各种传感器实现对海洋环境的全面监测；集成电路和储存芯片的发展使得海洋调查装备可以采集更多的数据，并且可以更加有效地存储和处理数据；高能量电池的发展则使得海洋调查装备可以在水下长时间工作，从而进行更长时间的观测和研究。这些高新技术的发展都为海洋调查装备的发展提供了重要的技术支持，使得海洋调查装备平台不断丰富多样、传感器的体积越来越小、智能化水平不断提高、观测的数据精度越来越高。如海平面上升、洋流变化、海洋生态系统动态等都呈现出长期变化的特点。为了深入理解这些现象的起因、演变过程和潜在影响，需要长期、定点、连续的多要素同步测量技术来进行研究。因此，未来的海洋环境监测装备的发展趋势是集成化、高效化、智能化、自动化、长期连续观测、遥感和无人机监测技术以及数字化和信息化等。归纳而言，海洋调查装备技术发展趋势主要如下。

(1)海洋调查装备向通用化、模块化和标准化发展，系统集成向多要素大剖面同步综合观测以及定点、机动和遥感遥测立体网络化发展。通用化、模块化和标准化的海洋调查装备可以大大提高设备的可维护性和可扩展性，使其更容易适应不同的应用场景和需求。此外，通过系统集成，可以实现多要素大剖面同步综合观测，提供更全面、更准确的海洋环境数据。结合传感器技术、平台载体与综合监测技术，以定点、机动和遥感遥测立体网络化的监测方式可以实现对海洋环境的全面覆盖和实时监测，提高监测的效率和精度，如浮标、潜标、AUV、水下滑翔机以及高频地波雷达等平台已经形成坚实的环境观测体系，海洋立体网络化监测系统正在得到重视与发展。我国海洋环境监测装备技术与国际先进水平相比，还存在着明显整体差距，亟需重点提升传感器、平台载体与综合监测等技术水平，使其成为海洋强国建设坚实的基石和海洋经济新的增长点。

(2)海洋调查装备的通信能力向高速率、低延时方向发展。海洋调查装备一般通过搭载多型传感器实现数据实时采集，其搭载的传感器采集的数据具有格式多样化、数据量大的特点，研究高速率、低延时数据传输技术可提高调查区域态势感知能力，实现对海洋调查数据的实时处理分析。

(3)海洋调查装备向自主决策和智能化方向发展。在新型监测装备方面，瞄准全球海域，研发适用于动力环境、生态环境、资源能源和军事应用等军民融合型海洋综合观测平台、智能浮标潜标、智能锚系潜标、多用途智能波浪滑翔器、谱系化水下滑翔器、水下运载型移动观测装备。重点提升新型装备隐蔽自动布设、水下自主导航、固定移动平台组网观测、数据信息实时传输、数据融合挖掘、海上信息和能源支持以及人工智能等能力。

(4)海洋调查装备能源供给向风能、太阳能和波浪能等多能互补方向发展。太阳能光伏发电技术经过近几十年的发展，在太阳能电池材料、结构设计、发电效率方面已经得到了成熟的发展和应用，在锚系浮标等常规海洋调查装备领域得到了广泛的应用。随着海洋调查装备平台的多样化，其搭载设备也愈来愈多样化，对能源的需求也提出了更高的要求。目前，风能发电和波浪能发电技术已经得到了成熟的发展。在海洋调查装备领域，风能、太阳能和波浪能等多能互补可有效解决高功耗装备的部署和应用，满足新时代海洋调查长时效、大范围和大深度安全应用需求。

(5)海洋调查装备的基础制备向新技术、新材料、新工艺方向发展。基于新原理、新材料、新工艺的海洋综合信息高精度传感技术研究，特别是光电磁传感器技术在海洋监测领域的应用，是未来海洋监测装备发展的重要方向。这些新技术的应用将有助于提高海洋监测的准确性和稳定性，为海洋环境保护、资源开发和灾害预警提供更可靠的数据支持。在深海探测和进入方面，重点发展深远海平台载体技术至关重要。突破深海海底长期监测、矿产油气能源勘探的各类固定/移动平台关键技术，将为实现深海资源的开发和利用提供重要的技术支持。同时，发展长航程智能式水下航行器和全海深潜水器技术，将有助于深入探索海洋的奥秘和未知领域。在机动平台及组网技术、深海作业技术、多源信息融合处理技术等方面的研发也非常重要。这些技术的发展将为海洋调查和监测提供更高效、更灵活、更全面的解决方案，促进海洋科技的发展和进步。

2 锚系浮标

2.1 概述

锚系浮标是通过锚定方式，利用无动力漂浮载体获取海洋环境参数信息的无人值守自动监测系统，可通过搭载不同仪器，离岸原位获取水文、气象等环境参数，其实时数据在海洋环境实况监测、海洋环境预报、海洋灾害预警、海洋科学研究、海上资源开发、海洋工程建设等方面具有重要作用。由于锚系浮标具有抗恶劣环境强、内部空间容量大、在位时间长、稳定性好等特点，被称为“海洋上的地球同步卫星”和“海上天气侦察兵”，已经成为全球海洋立体观测网的重要组成部分。

锚系浮标的发展始于20世纪40年代，随着海洋观测走向深远海，锚系浮标也得到了成熟的发展和应用。当前，美国、中国、加拿大、挪威等海洋科技大国的浮标观测技术已趋成熟，形成了一批观测要素齐全、可靠性高、精度高、稳定性好的功能多样的产品系列，并制定了相应海洋环境监测规范和标准，已经在各沿海国家实现了长期业务化运行。按照直径，锚系浮标包含了从1.5 m到15 m直径的多个系列；按照观测需求，锚系浮标分为海洋剖面浮标、海上风剖面浮标、海啸浮标、波浪浮标、光学浮标、海冰浮标、海气通量观测浮标和海洋酸化观测浮标等。图2-1为10 m直径大型浮标示意图。图2-2为布放于我国南海的SF313浮标。

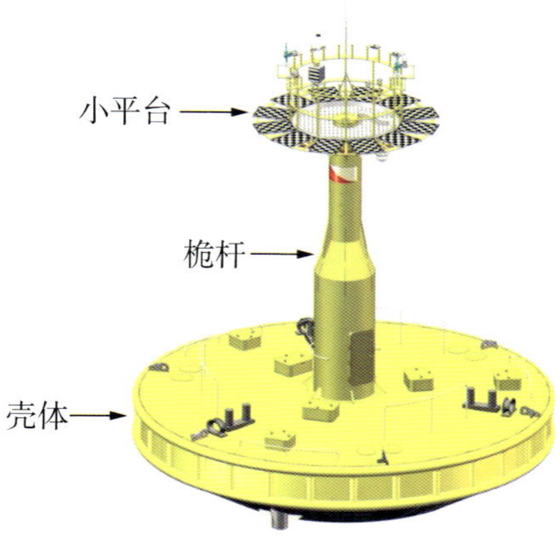

图2-1　10 m直径大型浮标

素包括风载荷、海流载荷及波浪载荷，三种载荷计算方式如下：

1. 风载荷

风载荷主要作用位置为浮标上架安装的太阳能电池板和传感器以及浮体露出水面的部分，风载荷的大小取决于浮标受风部分的投影面积和等效形状、风力作用点的高度以及相应高度下的风速，计算公式如下：

$$F_{\mathrm{w}} = \frac{1}{2}\rho C_h C_s A_{\mathrm{w}} v_h^2$$

式中，F_{w} 为风载荷；ρ 为海面空气密度，$\rho = 1.29\ \mathrm{kg/m^3}$；$A_{\mathrm{w}}$ 为受风部分的投影面积；C_h 为风力高度系数（查表取 $C_h = 1$）；C_s 为受风部分的风力形状系数（查表取 $C_s = 0.5$）；v_h 为高度 h 处对应的平均风速。

2. 海流载荷

海流因素同样是海洋浮标设计计算中的重要环境因素之一，海流对浮标主要影响表现为拖曳力，海流载荷的计算公式为：

$$F_{\mathrm{c}} = \frac{1}{2}\rho C_{\mathrm{d}} A_{\mathrm{c}} v_{\mathrm{c}}^2,$$

式中，F_{c} 为海流载荷；ρ 为海水密度（$1025\ \mathrm{kg/m^3}$）；C_{d} 为海水拖曳力系数，$C_{\mathrm{d}} = 1.6$；A_{c} 为浮标海流载荷受力投影面积；v_{c} 为海流流速。

3. 波浪载荷

应用 Morison 公式计算小撑杆所受到的波浪载荷：

$$dF = \rho\frac{\pi D^2}{4}(C_m\dot{u} - C_A\ddot{x})dz + \frac{1}{2}\rho C_D D\,|u - \dot{x}|(u - \dot{x})dz$$

式中，F 为波浪力；z 为积分变量；ρ 为海水密度；C_m 为惯性力系数；C_A 为附加质量系数；C_D 为拖曳力系数；u 和 $\dot{u}$ 分别为小撑杆轴线垂直投影方向的水质点速度和加速度；$\dot{x}$ 和 $\ddot{x}$ 分别为小撑杆在其轴线垂直投影方向上的速度与加速度。

应用三维势流理论计算浮标体的湿表面及配重托盘的波浪载荷。速度势分为入射势 $\varphi_I(x, y, z, t)$、辐射势 $\varphi_R(x, y, z, t)$ 和绕射势 $\varphi_D(x, y, z, t)$。

$$\varphi_I = \frac{igA}{\omega}\frac{\cosh k(z + d)}{\cosh kd}e^{-k(x\cos\beta + y\sin\beta)}$$

式中，g 为重力加速度；A 为波幅；k 为波数；d 为水深；ω 为入射波角频率；β 为波向角。

φ_R 和 φ_D 采用边界单元法求解，将物体表面离散成许多单元，假定每个单元上的速度势可以用单元节点势函数表达，并利用配点法或伽辽金方法等建立节点势的线性方程组，求出各节点处的速度势，再根据线性化的伯努利方程求出波浪浮标体的作用力。

2.3.2 数据采集与控制技术

数据采集控制系统是锚系浮标的“大脑”。国际上，典型的浮标数据采集系统有美国 CAMPBELL 公司的 CR 系列系统、美国伍兹霍尔海洋研究所 8080 系列系统、德国 Contros System & Solutions Gmbh 公司的 SmartDI UWLogger 系统、加拿大 Axys 公司的 Watchman500 系统等，既有针对单一应用场景设计的专用数据采集与控制系统，也有适用于不同需求的通用型系统，其核心技术包括总线式传感器控制技术、智能数据采集与控制技术以及数据质量控制技术。

1. 总线式传感器控制技术

总线式传感器控制技术以具有一定计算能力的单片机或低功耗计算机为核心，通过线缆将各传感器模块、远程通信模块连接起来，实现数据采集与处理的技术，具有低功耗、系统运行稳定的特点。图 2－4 为总线式数据采集控制器。

图 2－4　总线式数据采集控制器

2. 基于物联网的数据采集与控制技术

智能数据采集与控制技术通过有线或无线通信方式，将传感器作为节点，采用无线的方式连接组网实现数据采集与控制，该技术的主要表现在于传感器便于扩展、可以远程诊断和运维、浮标内部可采用无线通信手段，系统硬件按照按功能分为传感器感知层、内部网络层、数据融合层及数据传输层，如图 2-5 所示。

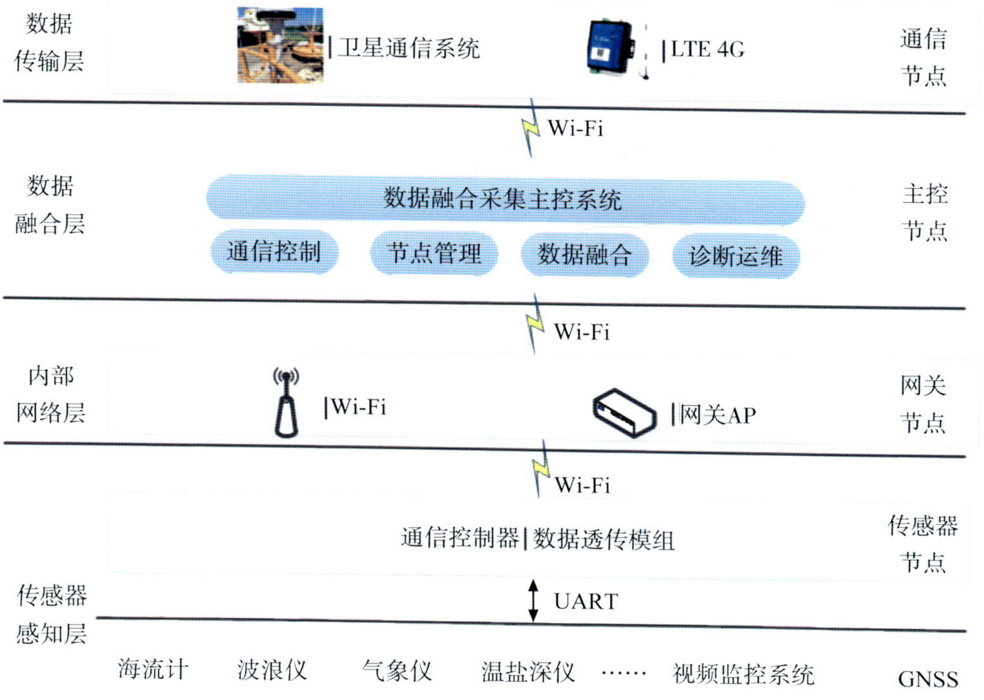

图 2-5 系统组网架构

3. 数据质量控制技术

受海洋环境噪声、海洋生物附着和传感器元件老化等因素的影响，浮标搭载的传感器数据不可避免地存在测量误差，这些误差数据直接影响数据的融合精度和应用效果。当前，锚系浮标一般部署于深远海，远程通信受到卫星通信带宽限制，一般需要在浮标端对原始数据进行定时融合后回传，以降低卫星的通信压力。因此，在浮标端部署自动化实时数据处理程序能够有效地检测出异常值数据并去除测量噪声，是提高数据融合效果的可靠手段之一。根据现行海洋浮标质控标准，海洋数据质量控制上已有良好的基础，在数据采集与控制系统中部署自动化数据质控程序，一般先利用格式检验、缺测检验、时间范围检验等方法对数据的记录格式等进行检验；然后基于数据格式的一致性，再开展全等性检验、范围检验及数据连续性检验，并进一步开展时空一致性和多要素相关性检验。通过以上多级综合分析检验，可有效识别出正确数据、可疑数据、错误数据，对发现的异常数据、格式错误等问题进行及时修正和处理，在融合时将无法处理的原始数据予以剔除，最大限度地减少了锚系浮标观测数据质量问题，确保了观测资料的准确性和有效性。图 2－6 为锚系浮标原始数据实时质控方法示意图。

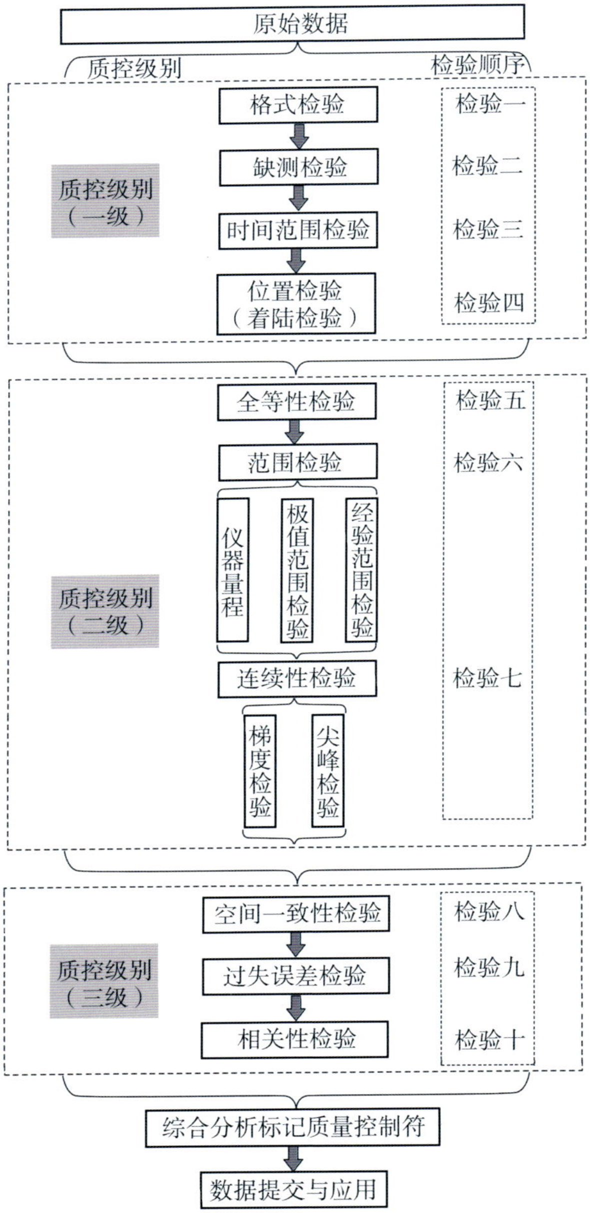

图 2－6　锚系浮标原始数据实时质控方法

2.3.3 双向数据通信技术

锚系浮标数据实时应用的关键是数据实时从浮标端传输至远程数据中心，并在数据中心进行数据分发、数据分析、预测预报等数据应用服务。目前提供数据双向通信的主要技术手段包括卫星短报文、无线电和移动通信网络等。由于锚系浮标主要部署在远离陆地的海域，受通信距离限制，卫星短报文技术成为锚系浮标应用最为广泛的双向通信技术。

世界上的海上浮标主要依靠美国铱星网络、法国 Argos 系统、国际海事卫星和我国北斗卫星等与岸基进行双向通信，通信速率不超过 100 kB/s，如表 2－1 所示。

表 2－1　海上浮标远程通信常用卫星资源

序号	卫星系统	数据能力	工作频段	轨道
1	Argos	1200 B/s	UHF	低轨
2	铱星一代	600 B/s	L	
3	Orbcomm	300 B/s	VHF	
4	GOES	150 B/s	UHF	高轨(同步)
5	国际海事卫星	150 B/s	L	
6	北斗卫星二号	1.3 B/s	L	中高轨

近几年，卫星宽带通信速率已逐渐升级，丰富的卫星资源为急剧增长的海洋观测数据的实时传输提供了可能。本书的研究主要是借助我国卫星资源，实现浮标—卫星—岸基 384 kB/s～2 MB/s 的高速实时数据传输，由表 2－2 可知，可利用 S 频段卫星传输数据，如天链一号卫星、天通一号卫星网络。

表 2－2　当前卫星通信系统短报文通信特点

序号	卫星系统	数据能力	工作频段	轨道
1	铱星二代	187.5 kB/s	L	低轨
2	国际海事卫星五代	625 kB/s	C	高轨(同步)
3	美国 TDRS 二代	750 kB/s	S	
4	天链一号	500 kB/s	S	
5	天通一号	48 kB/s	S	

2.3.4 能源供给技术

当前浮标主要采用组合能源供给技术，通常由充电装置、蓄电池及电源控制器三大部分组成，负责为整个系统提供设备运行的电力保障。充电装置能量主要来源一般为太阳能、风能和波浪能等。图 2－7 为包含风能及太阳能的浮标供电系统设计。

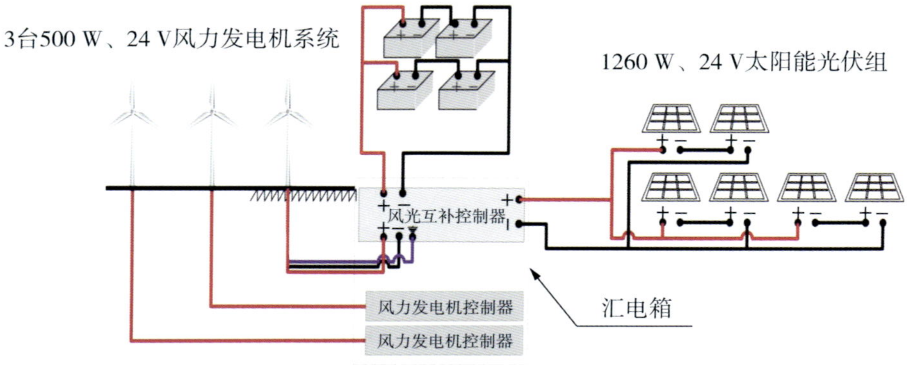

图 2－7 包含风能及太阳能的浮标供电系统设计

1. 太阳能(光伏)供电系统

光伏发电是利用光伏电池的光生伏特效应将光能转化为电能的技术，具有安装便捷、场地灵活、不受地域限制的特点，是近年来发展最快的太阳能发电技术。光伏发电系统主要由太阳能电池板(组件)、控制器和逆变器三大部分组成，主要部件由电子元器件构成。其中，太阳能电池板是光伏发电系统中的核心部分，负责将太阳能转换为电能；控制器负责控制整个系统的运行，包括电池板的电流和电压，以确保系统的稳定运行；逆变器则将直流电转换为交流电，以便与电网相连接或供给家用电器使用。此外，光伏发电系统还可能包括蓄电池、充电控制器等其他组件。这些组件可以存储电能，以便在夜间或阴天时为负载供电。

2. 风能转换装置

风力发电技术历史悠久，最早由丹麦人 Poullalour 提出，其发电机类型可以分为鼠笼异步风力发电系统、双馈感应风力发电系统和直驱式永磁同步风力发电系统。海上充足的风力资源加快了风电的发展需求，目前风力发电已经成为全球应用最广泛的发电技术之一，在锚系浮标领域也得到了应用。图 2－8 为部署风力发电的海洋浮标。

图 2－8　部署风力发电的海洋浮标

3. 波浪能供给技术

波浪能是由地球和其他星球的相互引力引起的海水规律运动产生的动能，具有能量密度高（是风力发电的 4 倍，光伏发电的 30 倍）、可预测性强等特点，是一种极具发展潜力的新型能源。波浪能供电浮标作为海洋观测技术的新兴领域，受到世界各国重视。

波浪能发电最基本的原理是通过波浪的运动带动能量转换系统，将波浪能赋能于转换介质的机械运动再带动发电机发电。波浪能装置大多由两到三级能量转换机构组成，目前适合供电大型海洋浮标且具有高经济性的波浪能装置，以一级能量转换机构区分大致有三类：①振荡浮子式。利用吸波浮体在波浪作用下的垂荡或纵摇等运动，将波浪能转换为浮体的机械能。②振荡水柱式。利用有限封闭空间内波浪的挤压，将波浪能转换为空气或其他流体的动能等。③摆式。利用波浪推动摆板绕轴摆动，将波浪能转换成摆轴的动能。从已申请的波浪能浮标专利来看，振荡浮子式占 62.5%、振荡水柱式占 25%、摆式等占 12.5%。三者中，振荡浮子式和振荡水柱式波浪能俘获技术更适合于波浪能提供能源的浮标。目前人们对锚系浮标利用波浪能实现能源供给也进行了前期探索。

以能量转换技术区分的波浪能装置有三类：①永磁直线发电机。例如，一件由大连海事大学申请的波浪能浮标专利（图 2－9），原理是在直线发电装置侧壁缠绕切割线圈，内置永磁体与上壁弹簧连接，通过波浪中线圈与永磁体的上下位移，切割磁感应线以产生电压。但是永磁直线发电机对标体防水性要求高，线圈极易被海水腐蚀，容易损坏。②空气透平装置。如广东海事局与中国科学院广州能源研究所合作研发的振荡水柱技术“BD-102G”型航标灯用波浪能发电装置(图2-10)，利用标体通道内的水柱随波浪上下振荡，挤压空气带动叶轮转动，进而驱动发电机发电，由于工作稳定且装机功率较小，可以为航标灯供电。③液压系统。例如，中国科学院广州能源研究所研制的鹰式波浪能系列装置，是一套由液压缸、蓄能器、液压自制控制系统、液压马达、发电机等组成的液压系统，利用液压马达驱动发电机发电，该系列装置发电量大，适合搭载大功率电子仪器。永磁直线发电机采用两级能量转换机构发电，空气透平装置、液压系统则采用三级能量转换机构。中国科学院广州能源研究所研发的鹰式波浪能系列装置，利用鹰嘴形振荡浮子吸收波浪能，再经过蓄能稳压后转换为电能，装置采用半潜式结构，整体具有良好的稳定性和较高的效率，除用来为海岛供电外，其强大的供电和搭载能力可以供大型海上观测基站使用，是另一种形式的大型波浪能浮标，如100 kW 鹰式装置“万山号”搭载了气象观测、海上视频监控、卫星传输天线，可实时传输海上观测数据和视频。

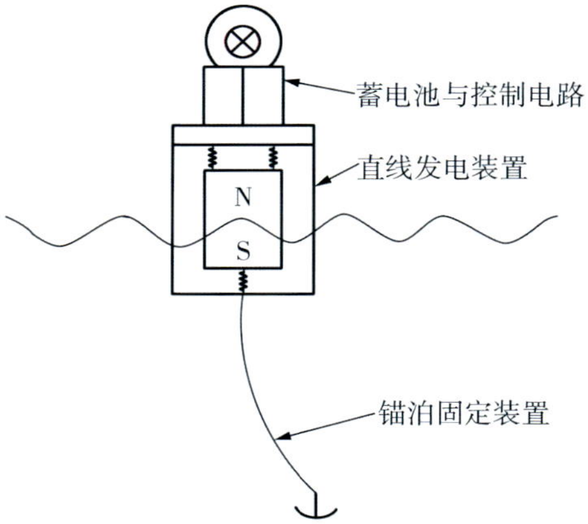

图2-9 搭载永磁直线发电机的海洋波浪能浮标

图2-10 中国“BD-102G”型波浪能发电装置

2.3.5 安全防护技术

1. 锚灯警示装置

锚灯警示装置是浮标系统的重要安全防护装置且为强制安装部件，在日夜通航水域用于助航和保护浮标自身安全。通常锚灯警示装置采用LED节能灯，设置为黄色灯光，视程大于5海里，其灯光采用莫尔斯“O”码闪光节奏，周期12 s，符合《中国海区水上助航标志》(GB 4696—2016)国家标准。按照锚灯警示系统的能源供给方式可分为独立供电和外供电设计，独立供电锚灯警示系统自带充电和储能装置，并具备优异的防水性能，其设计标准的最小自治时间需要达200 h，而外供电设计的锚灯装置一般需要连接浮标电源系统，如图2-11所示。

图2-11　外供电锚灯警示装置

2. 可视标识

通常在锚系浮标桅杆上方增设一块方形不锈钢板(大小为40cm×60cm)并进行红白相间喷漆(图2-12)，以增加其可视性；浮标标体上标注“海洋观测浮标”标语及紧急联系电话，保证发生紧急情况(如船舶意外碰撞)后可及时联系到浮标运维方。

图2-12　红白相间标识

3. 独立定位系统

安装卫星独立定位系统，其采用独立的供电电源和卫星通信方式，可对浮标所在位置进行有效监控，在浮标系统数据中断后实时定位，其定位频率及发射频率可根据要求设置，如北斗独立定位装置（图 2－13）。

图 2－13　北斗独立定位装置

4. 船舶自动识别系统

船舶自动识别系统（automatic identification system，AIS）是指一种应用于船舶和近航道的定点装置之间的海事安全与通信的助航系统，能自动交换位置、速度、方向、名称等重要信息。此外，作为一种开放式数据传输系统，它可与雷达、自动雷达标绘仪（automatic radar plotting aid，ARPA）、电子海图（electronic chart display and information system，ECDIS）、船舶交通管理系统（vessel trafficmanagement system，VTS）等终端设备和互联网实现连接，构成海上交管和监视网络，是不用雷达探测也能获得交通信息的有效手段，可以有效减少海上碰撞事故。

图 2－14　AIS 装置

在航道繁忙海域布设的锚系浮标可根据需要加装 AIS 装置（图 2－14），可显著提高锚系浮标系统的安全性和保障航行安全。

2.4　应用现状

锚系浮标在国内外已广泛应用于定点海域的长期海洋数据实时监测领域，积累了大量的理论和实际经验，其数据成果在防灾减灾、气候监测、施工预警等方面得到了成熟应用。如图 2－15 所示，全球分布着 1300 多个海洋锚系浮标，这些浮标主要为全球的海洋预报服务，主要由世界气象组织 WMO 和海洋资料浮标合作机构 DBCP 管理。

目前，我国的锚系浮标布放并业务化应用的共有 200 余套，其中大型浮标平台最大布放水深实现超过 4000 m，最远布放在印度洋和格陵兰海，并且经过了较长时间的业务化运行，积累了大量的理论和实际经验，已广泛应用于定点海域的长期海洋数据实时监测领域，其数据成果在防灾减灾、气候监测、施工预警等方面得到了成熟应用。

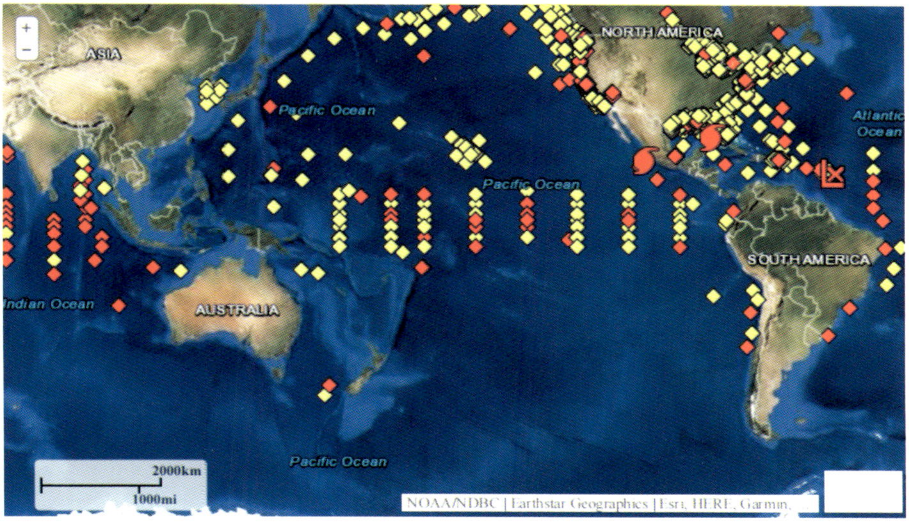

图 2-15　全球锚系浮标分布图(共 1318 个浮标站位)
(来源：https://www.ndbc.noaa.gov/)

1. 在海洋观测预报与防灾减灾中的应用

海洋灾害主要有灾害性海浪、海冰、海啸和风暴潮等，形成于热带海洋上的台风(在大西洋和印度洋称为飓风)引发的暴雨洪水、风暴巨浪以及台风本身的大风灾害，就造成了全球自然灾害生命损失的 60%。如 2004 年的印尼海啸，造成了包括印度尼西亚、斯里兰卡、印度、泰国、马来西亚等国家 29 万多人遇难，造成经济损失近百亿美元。风暴潮会使受到影响的海区的潮位大大地超过正常潮位。我国的海洋灾害主要以风暴潮、海浪和赤潮灾害为主，是世界上遭受海洋灾害影响最严重的国家之一。2022 年中国海洋灾害公报显示，各海洋灾害中造成直接经济损失最严重的是风暴潮灾害，占总直接经济损失的 99%；造成人员死亡失踪的全部是海浪灾害。为减轻海浪、海冰、海啸和风暴潮等海洋灾害的影响，人们可以通过在相关海域布放专用锚系浮标针对上述的几种主要的海洋灾害进行监测，根据监测数据对可能发生的海洋灾害进行预测、预报和预警，从而降低海洋灾害的危害。通过布放通用型锚系浮标，对上述多种海洋灾害进行监测，并根据监测的数据资料采取必要措施，可以达到减轻海洋灾害影响的目的。

2. 在海洋重大工程领域的海洋环境监测中的应用

我国沿海地区是经济高度活跃地区，为实现我国近海区域的重大海洋工程建设，在其施工海域开展全生命周期的水文环境监测能够有效地保障工程进度和施工安全。如我国港珠澳大桥建设项目目前已布设15套新型多功能航标系统，可实时监测大桥水域的水文、气象、水质等参数，为大湾区海洋环境保护提供长序列的实测资料；在深中通道工程区域，布设了5套波浪海流实时监测预警浮标，为岛隧工程施工、沉管提供可靠的作业窗口预警，有效地保障了工程进度和施工安全。

3. 在海洋资源开发中的应用

随着世界人口增多以及经济社会发展，当前人类面临着资源相对短缺的问题。人类赖以生存的陆地空间所能够提供的资源、粮食等逐渐将不堪重负。据估计，世界海底蕴藏石油 1.35×10^{11} t，海洋石油占到世界石油可采储量的45%。20世纪末，海洋石油年产量达3010 t，占世界石油总产量的一半。世界天然气储量约为 2.7×10^{10} m^3，海洋储量占 1.4×10^{10} m^3。据测算，仅我国在南海的可燃冰资源量就达 7.0×10^{10} t油当量，约相当于我国陆上油气资源量总数的1/2。因此，海洋的开发利用潜力巨大，前景广阔。要进行海洋资源开发，首先就要掌握待作业区域的水文气象条件，通常需要对作业海域有连续1年以上水文气象监测资料的数据积累，这些监测资料是进行海洋资源开发工程设计的重要参考依据。要实现上述海洋资源的开发，需要相关海上作业平台及设备，在进行开采海洋资源时，浮标为海上作业的钻机和其他设备提供气温、气压、风速、风向、波谱、流速与流向等海洋环境资料，能够实现对作业处的海洋环境进行连续、实时、全天候的观测，如在油气管道施工铺管过程中，布设搭载ADCP的水文浮标，其实时数据能够为内孤立波预警服务提供可靠的数据保障，有效保障了海上工程项目实施的高效率和安全性。

4. 在海洋军事中的应用

锚系浮标在军事上的作用主要是对海洋水文、气象要素的监测。海洋水文要素主要包括温度、盐度、深度三大静态要素，以及海流、海浪、潮汐三大动态要素，它们是与舰艇关系最密切、对其影响最大的海洋要素。温度是海水声速的决定因素，会影响声呐的作战效果；盐度（密度）是潜艇下潜和定深航行的首要参数；深度是舰艇航行安全性的重要标志；海流和海浪时刻影响着舰艇的航迹；潮汐的变化决定着登陆和抗登陆的成败。在现代的海洋战争中，海洋水文要素的军事运用不仅停留在宏观效果上，而且发展到更精细、更准确的程度。

某些海域由于石油、天然气等资源原因，未来一段时间可能会成为军事热点海区，如果能够提前对相关海区海洋资料环境进行监测，在很大程度上有利于赢得战争主动权，更好地维护国家权益。通过在特定海域布放锚系浮标，对该海域的温度、盐度、海浪等水文气象要素进行长期、连续观测，可以建立该海域的海洋环境资料数据库，为作战训练计划拟定、水面舰艇活动、潜艇航行、武器布放或发射、舰船登陆、舰载机起降等提供决策数据，对于保持海上军事优势、增强海洋军事战斗力、提高应对突发事件的应急响应能力等有重要意义。

5. 在海洋科学研究中的应用

全球海洋总面积约占地表总面积的71%。锚系浮标能够实现对海洋温度、湿度、海流、气压等参数的监测，通过组建锚系浮标网，能够长期对全球大范围的海洋环境参数进行监测，所得到的监测数据资料对于海洋科学研究工作者研究洋流运动变化、海洋气候乃至全球气候具有重要的作用。锚系浮标通过搭载化学成分仪器，可以对海洋中的微量元素和营养盐等进行监测，将监测数据提供给相关科研工作者分析，可用于深入研究海洋生物的生存环境；通过监测不同海域溶解盐类浓度的变化，可以预测海洋生物的迁徙。海洋作为一个物理系统，其中发生着各种不同类型和不同尺度的海水运动与过程。海水运动或波动是海洋中的溶解物质、悬浮物和海底沉积物搬运的重要动力因素，因此，海洋中化学元素的分布和海洋沉积，以及海岸地貌的塑造过程都是不能脱离海洋动力环境的。海水的运动和过程表现为温度、盐度、海流、风速风向、悬浮物的变化，这些海洋动力环境参数可以通过浮标进行监测。监测数据可以用于研究海洋运动的成因、海洋对地质过程的影响。

3 自持式剖面浮标

3.1 概述

图3－1 Argo浮标实物图

自持式剖面测量浮标也被称为Argo浮标（图3－1），其核心部件包括一个充有氦气的空心钢球，其内腔里填充有用于加热球体的加热器，通过调节球内温度，实现浮标在水中上下垂直运动。Argo浮标内置了多种传感器，如温度传感器、盐度传感器、压力传感器等，能够实现海洋次表层温度、盐度、深度剖面测量。在布放后，Argo浮标会根据预设的指令或外部触发信号（如卫星定位信号）来控制下潜和上浮。在下潜过程中，浮标通过改变自身的体积，调整浮力，使其能够逐渐向海底移动。到达指定深度后，浮标会停留在该位置进行测量。在海表面，Argo浮标通过卫星系统进行定位，并将收集到的数据发送至地面的Argo浮标监测数据接收系统。另外，Argo浮标是一种全球性的海洋观测系统，由国际Argo组织协调各国进行合作。目前，全球已经布放了数千个Argo浮标，它们在海洋科学研究、气候变化监测和海洋资源开发等方面发挥着重要作用。

目前，国际上Argo浮标技术已趋于稳定成熟，包括APEX、PROVOR、PROVOR-Ⅱ、PROVOR-MT、SOLO、SOLO-W、SOLO-Ⅱ、SOLO-D、ARVOR、ARVOR-C、ARVOR-D、NAVIS-A、NEMO和S2A等多种型号。PALACE、APEX、PROVOR和SOLO型的自持式剖面测量浮标是各国在实施Argo计划中应用较为广泛的4种颇具代表性的Argo浮标，尤以APEX和PROVOR型自持式剖面测量浮标投放数量最多。APEX 型自持式剖面测量浮标占了 60% 份额，PROVOR 和 SOLO 型自持式剖面测量浮标分别约占 18% 和 12% 。

随着自持式剖面测量浮标材料、传感器和卫星通信技术的不断发展，各种新型自持式剖面测量浮标层出不穷，仅由国内生产或代理销售的浮标型号就已多达 6 种(其中 4 种是经过了国际 Argo 组织的认证，可参与全球海洋 Argo 观测网的建设)。进口自持式剖面测量浮标无论是工作天数还是获取剖面个数均要优于国产浮标，这主要是因为进口浮标生产商从 20 世纪 90 年代就已经开始研制自持式剖面测量浮标，拥有较好的剖面浮标研制、生产和应用实践，在用户需求、产品研发、产业化生产和技术改进等方面都积累了大量经验，其生产的自持式剖面测量浮标技术性能比较稳定。

如国家海洋技术中心等单位在 21 世纪初就已开始自持式剖面测量浮标的研制，但其浮标在观测数据可靠性、产品稳定性等方面与进口浮标相比存在一定的差距。中国船舶重工集团有限公司第七一〇研究所于 2007 年开始自持式剖面测量浮标的研制工作，经过 10 多年的发展，其产品已基本能满足国际 Argo 计划的要求，其生产的 HM2000 于 2015 年获得国际 Argo 组织认证，开始用于全球海洋 Argo 观测网的建设，但其产品在浮标电池能量供应和功耗等方面仍需进一步改进。中国船舶重工集团有限公司第七一〇研究所生产的 HM2000 在近几年经过少批量的布放应用后，浮标布放失效率已有显著降低，且由于浮标观测周期设置较短(1 d 或 5 d)，浮标获取平均剖面个数基本上能够达到国外浮标的水平；但另一方面，HM2000 型浮标的平均工作天数仍然与国外浮标有较大差距，这可能是浮标所使用的国产锂电池能量密度较国外锂电池低且浮标工作和测量功耗较高导致的。因此，我国自持式剖面浮标在搭载传感器、整体性能和海上工程应用规模等方面仍然有较大的成长空间，主要如下。

1. 各类型剖面浮标(理论)观测技术指标基本相同

由于所有类型的剖面浮标安装的 CTD 传感器均来自美国 SeaBird 公司的 SBE41/41CP，因此从理论上讲，它们的观测技术指标都是相同的。当然也不能排除由于观测平台的原因导致传感器观测数据出现问题的情况发生，为此进行剖面浮标工作性能的实际检验和观测资料的质量控制等工作就显得十分必要。

2. 国产剖面浮标整体工作性能与国外进口浮标仍有一定差距

从剖面浮标工作性能对比来看，国产剖面浮标的整体性能与国外进口浮标之间仍有一定的差距，特别是在剖面浮标在海上的工作时间方面，国外进口浮标平均海上工作时间能够达到 4 年，而国产浮标目前只能达到 1 年左右。另外，国产浮标在体型大小、功耗等方面也还有很大的进步空间。

3. 国产剖面浮标工作性能的检验缺少足够的实际观测数据

虽然目前国内有 HM2000、COPEX、BT 三种类型的剖面浮标研制生产，但是经过国际 Argo 组织认证、用于全球 Argo 海洋观测网建设的只有 HM2000 型浮标一种，其中最重要的原因就是国产剖面浮标缺少足够的实际海上观测数据的检验。剖面浮标的工作性能、观测数据的可靠性都需要在海上实际布放应用中才能得到检验，然而 COPEX 和 BT 两种型号剖面浮标的观测数据对外公布甚少。

3.2 组成

自持式剖面测量浮标能够对海洋温度、盐度、压力等数据进行多剖面采集，并在浮出水面后将采集到的数据通过卫星系统实时发送给陆上用户终端。同时，通过陆上用户终端对浮标的剖面参数(工作深度、工作间隔和漂流深度)进行在线设定，对浮标的工作状况进行实时监控，实现双向通信功能。如图 3－2 所示为 Argo 浮标系统工作示意图。

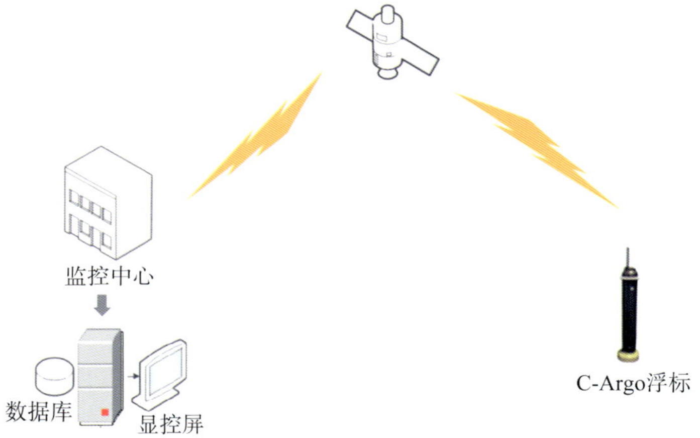

图 3－2　Argo 浮标系统工作示意图

Argo 浮标主要由壳体模块、浮力调节模块、控制模块、通信模块及电源模块五部分组成(图 3－3)。

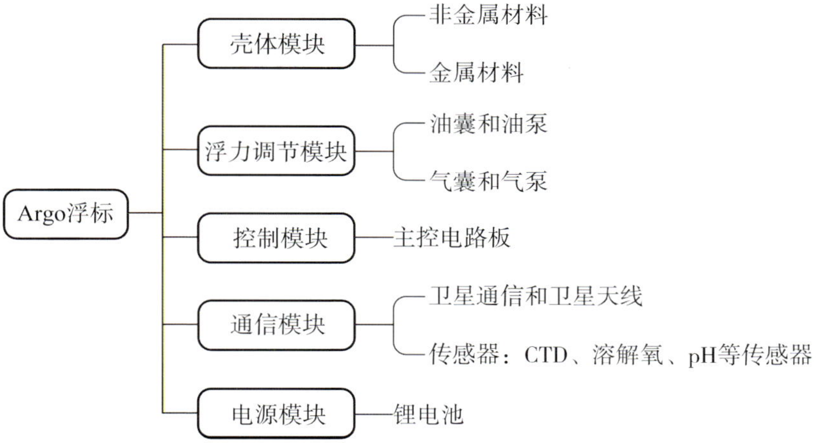

图 3-3　Argo 浮标组成示意图

1. 壳体模块

浮标壳体一般由非金属材料制作，与金属壳体相比，非金属壳体具有重量轻负载能力大(相同体积)，防生物附着，批量生产一致性好、成本低、生产效率高等优点。浮标可以搭载更多的附加传感器，如溶解氧、pH、浊度、叶绿素、后向散射、硝酸盐、辐照度、辐亮度等传感器。

2. 浮力调节模块

浮力调节模块主要由两部分组成，一是油囊和油泵，二是气囊和气泵(图 3-4)。强劲泵的设计也支撑了负载多种传感器的工作。

Argo 浮标通过油囊系统和气压系统，改变物体的体积而进行沉浮(图 3-5)。油囊装在浮标体的外部，当泵体内的油注入油囊后会使油囊体积增大，浮标的浮力增大而上升。反之，柱塞泵将皮囊里的油抽回，皮囊体积缩小，浮标浮力逐渐小于重

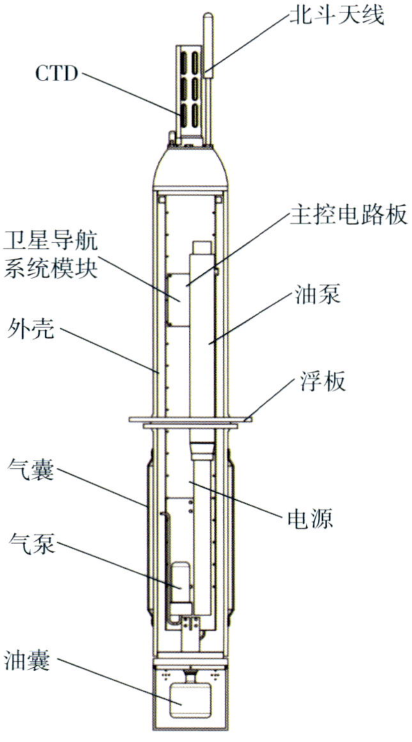

图 3-4　Argo 浮标结构示意图

力，浮标下沉。

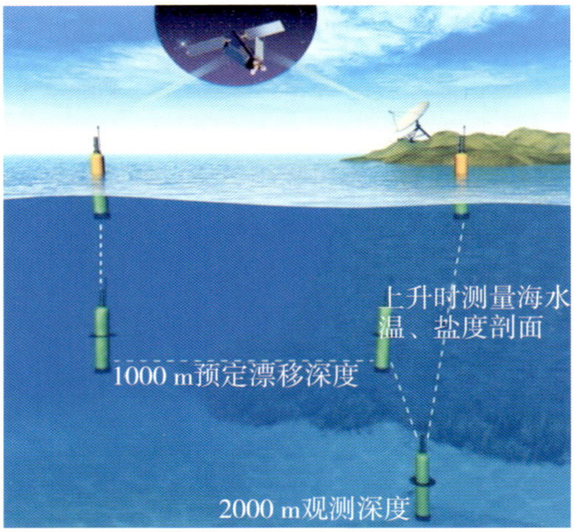

图 3-5　Argo 浮标工作过程示意图

同理，Argo 浮标浮出水面后，由气囊系统控制浮标平衡，进行稳定通信。主控单元按照预设，会根据压力传感器测量的深度参数控制下潜深度、水下停留时间、上浮、剖面参数测量、水面停留和数据传输以及再次下潜等工作环节。

油囊设计：Argo 浮标基于传统架构设计，传感器位于顶端，浮力气囊位于底端。Argo 浮标的浮力引擎采用一个容积活塞泵将硅油从内部输送到外部储蓄池来增加漂流体积使浮标上升。油循环系统（闭合回路）使用一个无缝天然橡胶外部气囊和一个达 300 mL 的内部储油池（在太平洋内要完成 2000 m 的循环要求大于 175 mL），这套系统在原有浮标的基础上提高了能耗率、置放的稳定性以及投放深度，同时浮标的自动压舱能力也大大降低了投放的准备时间。

气囊设计：在海表面，Argo 浮标通过充气吹胀气体储存泡来增加浮力，这个"海面跟踪"功能提供了 400 mL 的额外浮力来改善浮标的表面通信能力，空气浮力系统（开环回路）也使用一个无缝天然橡胶气囊。

3. 控制模块

控制模块主要组成部分为主控电路板。主控电路板是浮标系统的核心部件之一，通过控制模块对浮标进行设置各项参数。

用户通过编程设定某个漂流深度后，浮标将在这个漂流深度连续采集数据，在整个过程中，浮标将采集温度、盐度、深度三个参数的测量数据。并将其保存在内置的内存卡中，在浮标上浮、漂流、上浮的过程中均可采集数据。每次上浮任务结束后，浮标将保存的数据通过卫星发回地面接收站。

4. 通信模块

近年来，随着浮标和卫星通信技术的迅速发展，自动剖面浮标的型号已经从最初的4种发展到现在的20多种，通信方式从当初单一的Argos卫星发展到目前的Argos、铱星(Iridium)和北斗卫星三种方式并存。同时，随着传感器技术的发展，未来将有更多品牌的CTD传感器和生物地球化学传感器获得国际Argo组织认证，并在自动剖面浮标上得到应用。

通信模块主要由两部分组成。一是卫星通信模块和卫星天线，在浮标浮出水面时，通过卫星将获取的数据传输回陆地岸站；二是传感器，剖面浮标携带的传感器已由早先的温度、电导率(盐度)和压力物理海洋环境基本三要素，正在向生物地球化学领域拓展，一些加装了溶解氧、生物光学、硝酸盐和pH等生态要素传感器的剖面浮标也在逐年增多。

(1) Argos是法国国家空间研究中心与美国宇航局和海洋大气局合作建成的一个全球数据采集系统。该系统目前由4颗Argos-2代卫星和2颗Argos-3代卫星组成，其中3代比2代具有更高的带宽，并可实现双向通信。目前很多国外生产的剖面浮标，仍在使用Argos-2代卫星，其传输速率较慢(大约32 B/min)，用户通过Telnet或Email等方式从法国CLS接收数据。Argos- 4代卫星将很快得到应用。

(2)铱星是由美国摩托罗拉公司为实现全球卫星移动通信而组建的卫星系统，由于其支持大数据包传输数据(RUDICS传输方式，使用FTP协议接收数据，另外一种SBD传输方式使用Email方式接收)，且可以实现卫星与终端的双向通信，这就允许浮标用户通过铱星更改浮标的工作或采样模式，同时因铱星的传输速率可达到200 B/s，可支持高分辨率采样数据的快速传输，因此铱星在国际Argo计划中得到越来越多的应用。

(3)由于BDS中包含了两颗具有短报文通信功能的卫星，因此国产剖面浮标可利用其进行数据传输。但由于目前北斗卫星通信范围有限(在90°E ~ 140°E、5°S ~ 40°N之间的范围内)，所以国产北斗剖面浮标只能在西太平洋海域(包括南海)和印度洋孟加拉湾海域布放。另外，北斗卫星也可实现卫星与终端的双向通信，但由于目前其传输速率只有100 B/min，还无法支持高分辨率采样数据的快速传输。

(4)国内Argo浮标主要采用北斗卫星进行通信，在陆地设置地面接收站，24 h不间断工作，接收海上浮标发回的数据。主要由接收电脑、卫星终端、连接线等硬件组成。

5. 电源模块

电源模块主要由锂电池组成。锂电池体积小、电量足，可以支撑浮标工作较长时间。浮标的数据发送、指令接收、泵的工作都需要电源模块的支撑。

另外，Argo 浮标均会有一套对应的数据接收管理系统。一般包含浮标状态监控、浮标指令发送、浮标数据统计等模块。图 3 - 6 为 C-Argo 浮标数据接收界面示例。

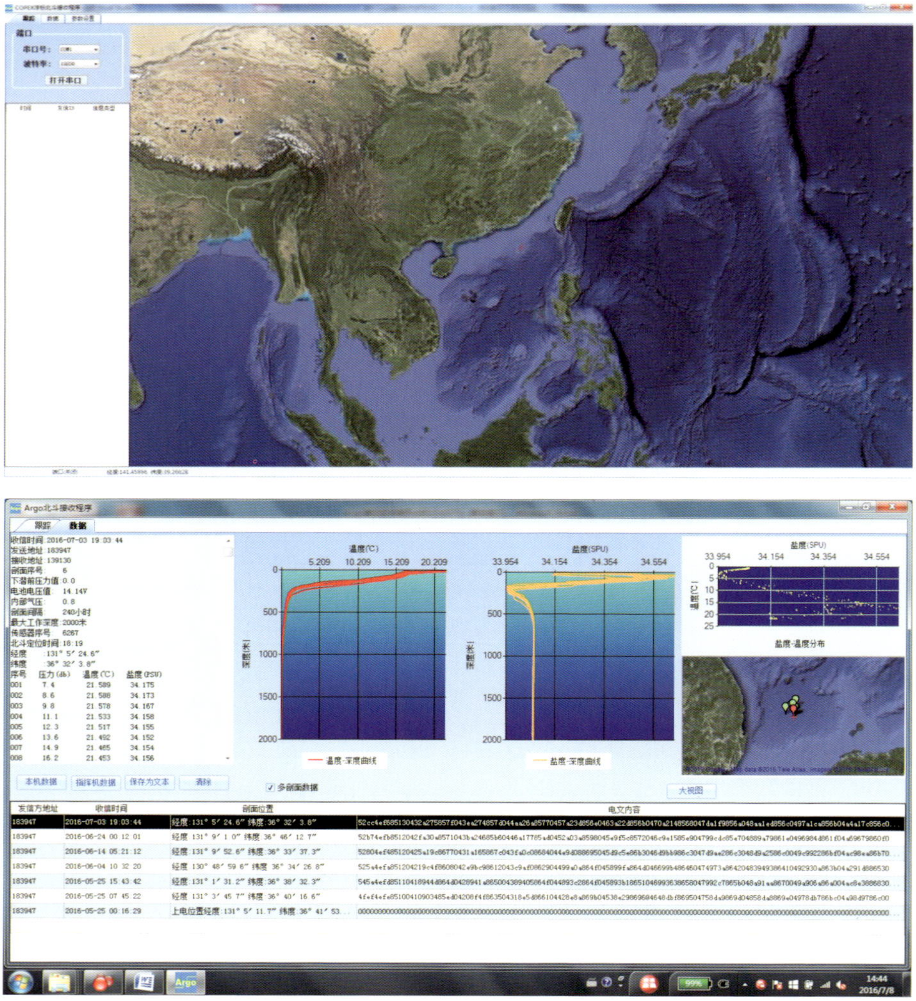

图 3 - 6　C-Argo 浮标数据接收界面示例

3.3 关键技术

自持式剖面测量浮标是在重量不变的情况下，依靠改变浮标体积来控制浮标在水中的升降，并使用其携带的传感器在上升过程中采集海水的温度、盐度、深度数据，在浮标到达海面后，通过北斗卫星导航系统向用户实时传输观测数据和发送定位信息。浮标投放入水后根据预先设定参数，自动完成下潜—定深漂流—上浮测量水面通信—下潜的剖面循环，可在海中连续工作 2 年以上。Argo 浮标关键技术主要包括数据传输技术、自主沉浮技术和海洋环境自适应技术。

1. 数据传输技术

Argo 浮标主体上配备了一个无线通信装置，用于将采集到的数据传输回地面站点。无线通信装置主要集成卫星通信模块实现数据的实时回传。无线通信装置将存储在浮标主体中的数据根据固定格式进行编码并发送出去，以实现地面数据接收站点能够实时接收到数据后进行解码和进一步地分析。

2. 自主沉浮技术

浮标的主要任务是下沉、水下漂流、上浮、采集并发送数据，浮标在执行这些任务的过程中，通过液压系统控制自身的浮力，从而改变浮标自身密度使浮标上浮、下沉或者保持某个恒定的深度；通过浮标重量的精确调整实现浮标在设定的深度下潜和停留；能在海中按照设定的参数自主完成下潜、上浮、再下潜及漂流功能。图 3 – 7 为循环温度、盐度、深度测量过程示意图。下沉时，浮标油囊缩小，重力 > 浮力，迅速下沉至设定的漂流深度；下沉至漂流深度后，浮标呈中性状态，重力 = 浮力；上浮时，浮标油囊膨胀，体积增大，此时浮力 > 重力，浮标开始上浮直至水面；当浮标在水面完成数据传输后，油囊体积减小，此时重力 > 浮力，再次重复上述过程。

3. 海洋环境自适应技术

Argo 海洋环境自适应技术可通过在 Argo 浮标中引入智能控制算法，根据海洋环境的变化自动调整浮标的工作状态。例如，当浮标在浅水区域工作时，可以自动降低下潜深度，以避免与海底地形发生碰撞；当浮标遇到流速变化时，可以自动调整下潜速度，以保持稳定观测；当浮标观测到异常数据时，可以自动进行数据修正和过滤，以保证数据的准确性。这些自适应技术应用大大提高了观测数据的准确性和可靠性，延长了 Argo 浮标的寿命和观测时间，增强了 Argo 观测网对海洋环境变化的响应能力。

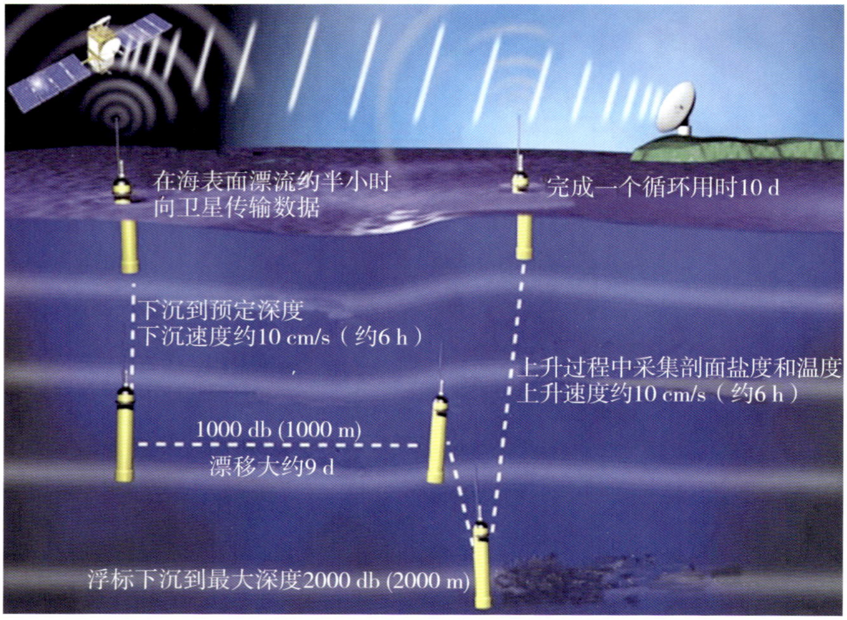

图 3－7　循环温度、盐度、深度测量过程示意图

3.4　应用现状

自 2000 年国际 Argo 计划正式实施以来，全球 Argo 海洋观测网已成为全球海洋观测系统（GOOS）中最重要的组成部分之一，在应对气候变化、海洋防灾减灾、海洋环境安全保障等方面发挥了重要作用。2020 年 4 月底，全球 30 多个 Argo 成员国已在全球海洋上布放了约 16 500 个自动剖面漂流浮标。这些浮标参与全球数据共享，目前仍有 3990 个浮标在海上正常工作，每个月可以收集全球海洋内部约 15 000 条温度、盐度剖面以及部分溶解氧、叶绿素、硝酸盐等生物地球化学要素剖面。

2018 年，国际 Argo 计划正式提出未来发展的愿景，即 Argo 2020 Vision，设想在未来十年建设和维持由 4700 个剖面浮标组成的观测网。我国于 2001 年经国务院批准后正式加入国际 Argo 计划，由中国气象局、国家海洋局等机构共同建设 Argo 海洋观测网络。截至 2019 年底，我国 Argo 大洋观测网已经初步建成，并在西太平洋、北印度洋、南海、南大洋、地中海和日本海等海域布放了 420 多个各种类型的自持式剖面测量浮标。这些 Argo 浮标可以提供关于海洋温度、盐度、深度和其他参数的信息，帮助科学家们更好地了解海洋环流、气候变化等重要问题。

此外，我国 Argo 大洋观测网还与全球 Argo 计划进行合作，与全球的 Argo 浮标进行数据共享，以提供更全面、更准确的海洋环境数据。这不仅有助于我国在海洋环境方面的研究，也为全球的海洋环境研究提供了有力的支持。

国际 Argo 计划已经实施 20 多年，获得了海量全球海洋 0 ～ 2000 m 水深范围内的温度、盐度剖面资料，为海洋、大气科学研究、海洋和天气/气候业务化预测预报、海洋权益维护、海洋环境安全保障和防灾减灾等提供了宝贵的海上第一手资料和基础信息，在研究全球气候变化、海洋环流和海洋生态系统等方面有着极为重要的价值。

国际 Argo 计划实施 20 多年来，国外型号的自持式剖面测量浮标平均工作天数/剖面数已逐年增加到了一个较为稳定的水平，即平均工作 4 年就获取约 160 个剖面，并且其自持式剖面测量浮标布放失效率也从 6% 逐渐降低到了 0.5% 以下。然而，我国的 Argo 浮标计划主要依赖于科研项目的支持，导致每年布放的浮标数量极不稳定，近几年浮标布放数量呈逐年下降趋势（海上每年减少 25 个活跃浮标），目前在海上正常工作的浮标仅 70 多个，占比不到观测网内浮标总数的 2%，离我国在第 18 次国际 Argo 指导组（AST）会议（2017 年 3 月于澳大利亚霍巴特）上承诺的 400 个活跃浮标的目标相去甚远。因此，亟需整合国内自持式剖面测量浮标资源，加强我国 Argo 实时海洋观测网的建设。

4 表面漂流浮标

4.1 概述

表面漂流浮标（图 4－1）是发展历史较长、使用广泛的海洋仪器。表面漂流浮标是依据海洋调查、环境监测、气象预报而发展起来的一种海洋观测平台，具有自动连续采集海洋水文气象数据、定位和传输数据的功能，具有随海流漂移、实时定位、数据实时传输等特征的海洋观测仪器。表面漂流浮标通过拉格朗日法大尺度测量表层流速和跟踪海流走向，也可搭载高精度传感器实现表层水温、表层盐度、海面风等要素的观测。

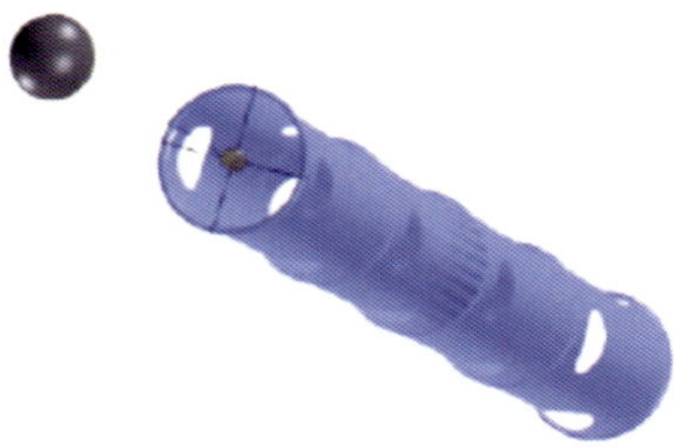

图 4－1　常见表面漂流浮标模型

20 世纪 70 年代末期，由于计算机技术的发展以及卫星通信技术的实现，表面漂流浮标进入飞速发展阶段，逐步实现全海域调查应用；20 世纪 90 年代，国外表面漂流浮标的观测要素逐步得到完善，如美国设计生产的表面漂流浮标能够精确观测海流流速、海流流向、海面风速、海面风向、海水温度、海面气温等海洋水文气象要素。

我国表面漂流浮标的研制始于 20 世纪 60 年代末期，1975 年至 1990 年基本实现表面漂流浮标的关键技术研究；1995 年，国家海洋技术中心首次在珠江口布放了我国自主研制的国产 FZS3-1 型表面漂流浮标，采用 Argos 卫星系统实现定位与数据传输，主要用于观测海水温度和海流；近 10 年来，国产表面漂流浮标技术成熟，逐渐形成了普通型表面漂流浮标、漂流式海气界面浮标、投弃式气象漂流浮标、投弃式测波浮标等系列表面漂流浮标，可根据定制采集海洋水文气象要素，在观测范围、传感器精度等方面已进入世界先进行列。图 4－2 为国产表面漂流浮标结构示意图。

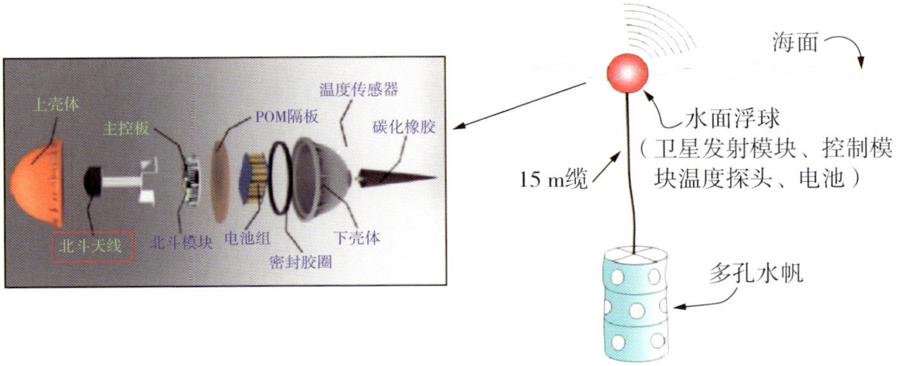

图 4－2　国产表面漂流浮标结构示意图

4.2　组成

表面漂流浮标一般由水面浮球（内部装有通信模块、控制模块、采集模块、供电模块等）、水帆部分（多孔洞圆柱形）和岸基接收三部分组成，如图 4－3 所示。

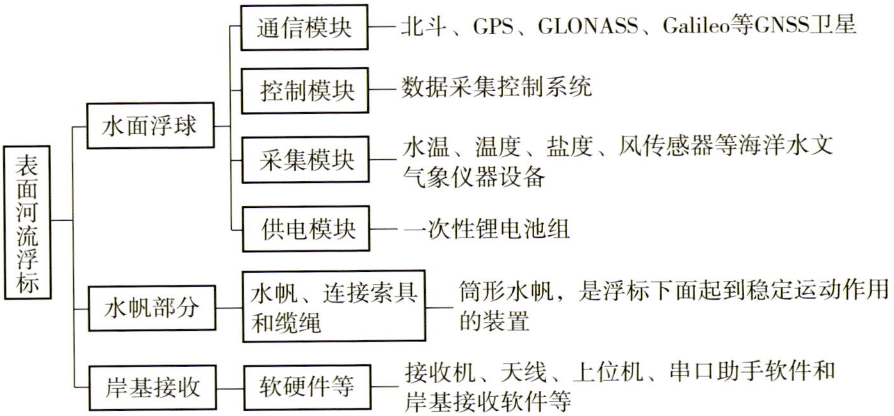

图 4－3　常见表面漂流浮标系统组成

4.2.1 水面浮球

1. 浮球壳体

浮球壳体主要功能是安装通信模块、控制模块、采集模块、供电模块等并提供浮力。可根据用户不同需求进行专门设计，现以常见壳体进行介绍。

理论上可以用作海洋表面漂流浮标浮球壳体的形状为球形、类球形、圆柱形、船形、桶形以及圆饼形等外形结构。图 4－4 为新一代海洋漂流浮标。研究人员对多种形状的浮标漂流跟踪性能进行了对比测试，测试结果表明减小滑差最有效的浮体形状是小型、球对称表面体，圆柱形与其他形体的浮标相比，受到波浪激励的影响最小。根据研究结果，表面漂流浮标浮球壳体采用上圆下方的回转体外形结构。浮球壳体上半部分为半球形，可有效减少各因素所引起的浮标海流跟踪滑差，浮球壳体下半部分为方形回转体，可降低浮球壳体重心和浮心的高度，增加浮球壳体的稳定度，减小波浪的影响。在此基础上，根据表面漂流浮标搭载设备重量和尺寸的需要，进行浮标总体结构原始设计，然后在模拟环境下进行浮标运动状态仿真和试验，从而对外形尺寸、重心浮心位置进行优化。

图 4－4　新一代海洋漂流浮标

北斗/铱星用户机和 BD/GPS 导航定位模块天线安装在浮球的顶部，使其无线通信的效果最好；电池安装在浮标的最底部，以降低浮标的重心，并且与其他模块隔离安装，保证在浮标运输和使用中电池的安全性。通过一个预留的通用接口，可以实现多种传感器的接入，极大地提高了设备的通用性和应用的灵活性。

浮球壳体需要长期浸泡在海水中工作，并且要保证卫星无线数据传输正常工作，标体材料需具备不导电、机械强度高和耐腐蚀等特性。经过综合考虑，选择强度比较高、施工工艺成熟、比重较小、建造成本较低的 ABS 材料作为标体的结构用材。

浮球壳体一般为 ABS 材料制作，呈两个半球形，内部仪器安装就位后，将两部分合成一个整体，缝隙用丁腈橡胶 O 形圈密封，再用螺栓紧固，确保不会渗水进去。壳体厚度一般约 4 mm，直径一般约 400 mm，在水中产生约 33.5 N 浮力。

浮球壳体下部正中间固定有一螺栓，成为与水帆装置的连接点。浮球下半壳体上还有测温盐度探头安装位，其内可容下采集控制板、电池等模块；卫星通信模块、天线安装在浮球壳体上半部分(图4－5)。

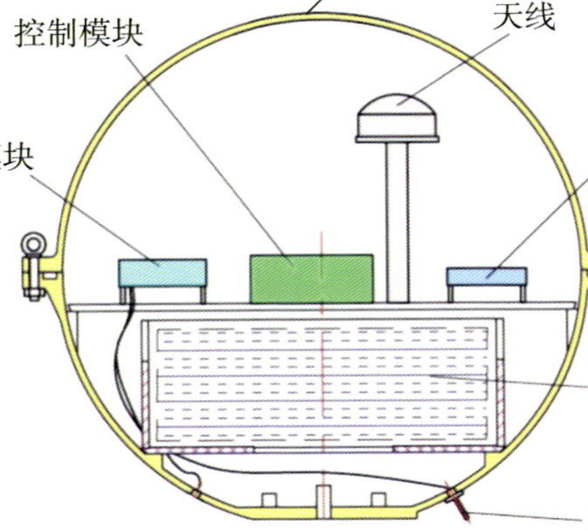

图4－5　常见表面漂流浮标浮球壳体内部结构示意图

2. 通信模块

国内常用定位通信模块采用GNM2A12北斗10W双模短报文通信模块，通过低噪放功效、上下变频和基带处理，实现双向通信及有源定位功能。天线采用柱状天线，可以全方位接收、发射信号，减少波浪、海水的影响，提高通信的可靠性。表面漂流浮标通信模块功能主要包括系统自检功能、定位功能、数据传输功能及表层水温、盐度等测量功能等，其中：

(1)自检功能是在浮标上电后，进行部件的自动检测，并将上电和自检状态信息发送出来，用户可以通过浮标上电和自检信息判定浮标状态与性能，同时进行相应设置和测试。

(2)定位功能是指浮标可通过北斗或GPS等卫星系统获取自身位置信息。

(3)数据传输功能是指在预定程序控制下，通过安装于浮标内部的通信模块将定位信息和测得的水温等信息发送至数据接收系统。

(4)测量功能主要通过采集控制电路和安装于浮标表面的测量传感器完成。

(5)双向通信功能是指将采集到的数据通过卫星实时发送给陆上用户终端，同时通过陆上用户终端对浮标的工作参数(工作间隔和采样模式)进行在线设定，对浮标的工作状况进行实时监控，实现双向通信功能。

3. 控制模块

数据采集控制系统受特定的工作环境和资源的限制，对表面漂流浮标上装载的器件在体积、重量、能耗、系统电路板大小以及成本等方面都有特殊的设计要求。同时，表面漂流浮标为抛弃式设备，因此低功耗是数据采集系统设计要重点考虑的因素之一。图 4－6 为采集控制板磁铁、干簧管。

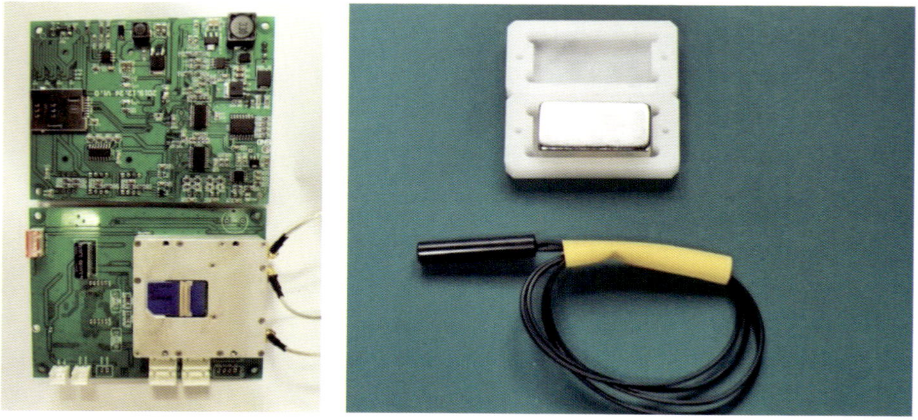

图 4－6　采集控制板磁铁、干簧管

降低功耗的主要措施包括：硬件电路设计中选用具有低功耗，高性能特点的芯片；设计电源管理，控制各模块的工作模式，优化电源分配；外部中断唤醒设计，电源控制开关采用干簧管，用其常开接点，布放前在外磁铁作用下，接点闭合，关闭发射，采集控制板不工作。布放时，拿下磁铁，电路进入正常工作状态。图 4－7 为表面漂流浮标开关位置示意图。

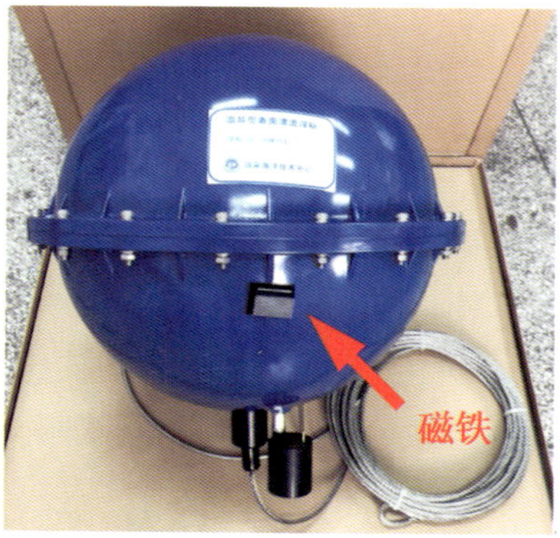

图 4－7　表面漂流浮标开关位置示意图

4. 采集模块

采集模块主要根据用户观测要素不同需求，安装不同传感器。

数据采集模块主要用于采集浮标的地理位置坐标信息和相关海洋数据，比如海水温度、盐度等。常规传感器有 GPS、水温传感器、温盐度传感器、风传感器等海洋水文气象仪器设备。各传感器根据厂家不同规格性能各异。

5. 供电模块

由电池给表面漂流浮标各部分提供工作所需能源，电源转换模块将电池的能量转换为其他模块工作所需的电压。外接传感器检测相关海洋参数，BD/GPS 模块为浮标提供位置信息，卫星一体机完成浮标和卫星系统的短消息通信，控制模块根据用户设定控制 BD/GPS 模块、传感器模块和卫星一体机协调工作，完成参数获取和数据发送。

为了使系统能够连续可靠地运行，供电模块一般采用一次性锂电池组，采用一种简易计算方法，较准确地计算出锂电池的需求量，电源管理系统由 MCU 控制，在不同的阶段开启不同部位的电源，以起到节能的作用，电池可根据需要保证连续 1 年的工作时间。

4.2.2 水帆部分

水帆（图 4－8）采用筒形水帆，是浮标下面起到稳定运动作用的装置，可拆卸。水帆是表面漂流浮标重要组成部分，目前被广泛应用的水帆都是圆筒水帆，布放简单，运输方便，能较好地改善对海流的感应效果。根据标体的大小，来调整水帆的直径和长度，以保证拖曳面积比（drag area ratio）大于 40。水帆通过缆绳与标体相连，通过调节缆绳长度，可用来跟踪指定深度的海流。表面漂流浮标水帆设计的主要目的是减少海流跟踪的误差。

(a)

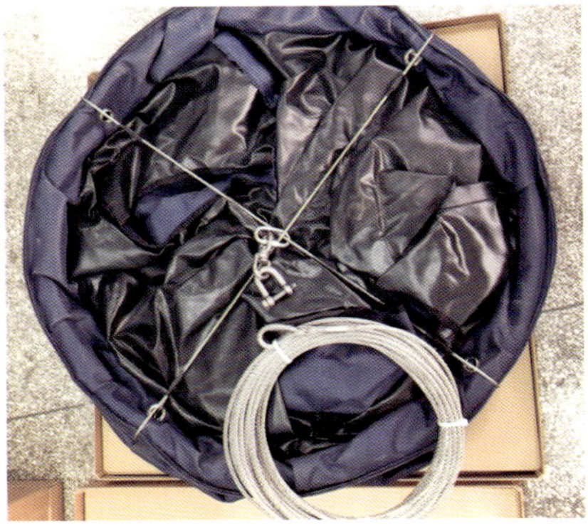

(b)

图 4－8　水帆实物图

水帆是表面漂流浮标的重要部件，漂移的动力、被测层水流作用于水帆产生拖曳力，带动水面的浮标体漂移。水帆部分包括水帆、连接索具和缆绳。

水帆为圆柱形构造，为保证其在水中尽可能呈竖直状态完全张开，上下两部分均由金属圆环支撑，且在帆体上有规则分布的圆孔，以避免其在海流冲击下发生卷曲。系缆部分采用柔性尼龙绳，耐磨耐腐蚀，其长度可视浮标投放环境决定，为防止浮球与拖伞受力扭转，在缆绳一段添加转环。

水帆一般由尼龙布料围成圆柱管，内部有五个塑料圈支撑，并将水帆分成四节。每节水帆在对称于轴线方向开两个孔，相邻两节的开孔方向呈 90°。水帆一般直径为 920 mm，长约 5 m，空直径为 40 cm。

缆绳采用直径为 5 mm 的钢缆，长度可实现 5 ~ 15 m 范围调整，除防腐蚀外还要考虑防生物咬断，强度须经受住风浪对系统长期扭转、弯折而产生的无规则作用力。钢缆两端连接处用橡胶硫化成一个粗端直径 70 mm，长约 370 mm 的圆锥体，有很强的弹性，具有良好的抗拉性和可靠性。

4.2.3 岸基部分

1. 组成

表面漂流浮标观测的数据利用卫星通信系统进行传输，实现从海上到陆地的实时接收(图 4 -9)。浮标数据由浮标岸站接收系统接收后，需对其进行质量控制及校正处理。岸基接收部分包括接收机、天线、上位机、串口助手软件和岸基接收软件等。

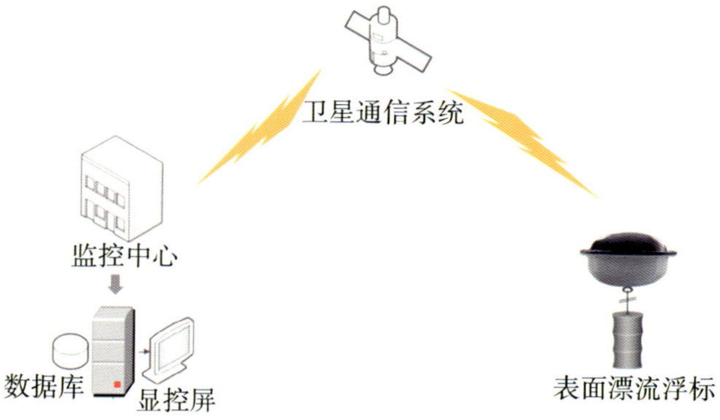

图 4 -9　表面河流浮标工作示意图

2. 工作流程

上位机通过串口助手软件接收数据，对数据进行解析处理并导入到电子表格中。具体步骤为原始数据→解析数据→数据处理。

各个厂家的数据接收系统有一定差异，现选取一个作为示例。数据接收系统整个界面可分为五个部分。

第一部分为软件设置状态栏，包括系统设置、浮标号设置、界面显示状态转换；系统设置包括串口设置和地图设置，浮标号设置为当前界面显示的浮标的数据；界面显示状态分为历史数据显示和观测数据显示，观测状态为实时显示接收到的浮标数据。

第二部分为浮标定位信息显示，以地图和文本两种形式展现，在地图上绘制浮标的运行轨迹，以绿色标记展现当前浮标位置(图 4 - 10)。

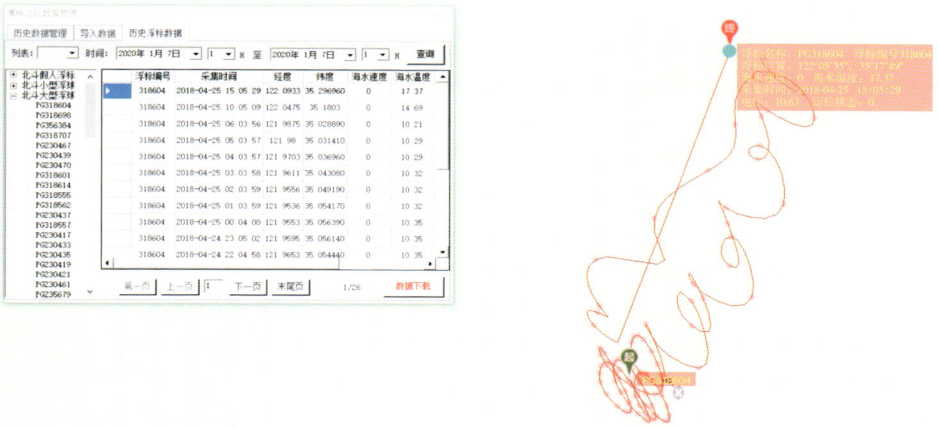

图 4 - 10　单个浮标轨迹查询示意图

第三部分为浮标控制系统基本信息的显示，提示用户浮标当前的运行状态，并且通过时间信息和系统自检按钮对浮标上的控制系统进行时间矫正和系统检测。

第四部分为浮标信息显示，在观测状态时该部分显示所有浮标发送的数据，历史数据显示则为某个浮标发送到服务端的所有数据显示，并且在软件中的地图中绘制浮标运行的轨迹。

第五部分为软件接收数据的串口的状态及已经接收的数据的格式。

4.3 关键技术

与其他观测仪器相比，表面漂流浮标有三大优势：一是能跟踪海面下几十米的海流运动，这是卫星遥感技术难以实现的；二是能进行长时间、大范围观测，而海流计、声学多普勒流速剖面仪(acoustic doppler current profilers，ADCP)等观测仪器多用于定点精细化观测；三是其观测的海流速度可以揭示海洋环境中物质运输和能量运输过程，对于研究暖流、大洋环流、黑潮延伸体、中尺度涡等海洋科学问题具有重要支撑作用。

国产表面漂流浮标技术成熟，能够实时观测水温、盐度、气象、波浪等参数，在观测范围、传感器精度等性能指标上已经达到国际先进水平。

(1)依靠国内自主的北斗卫星定位系统实现浮标定位与通信，实现产品自主化。

(2)独有的择机通信技术，在漂流浮标高动态环境下，大大提高北斗短信的通信成功率。

(3)低功耗的芯片和模块选型与控制方案，延长太阳能电池在产品中的工作时间。

(4)独有的壳体设计在海洋环境下高温差特性下保持良好的密封性。

(5)表面漂流浮标一般采用北斗和 GPS 双模定位。如果 GPS 定位系统出现问题，则可以采用单北斗定位系统进行定位，获取位置数据；如果北斗定位系统出现问题，则采用单 GPS 定位系统进行定位获取位置数据，从而保证浮标获取位置数据的可靠性。

4.4 应用现状

表面漂流浮标(图 4－11)具有结构可靠、投放简便、投放后不用管、综合成本低等优点和能够较好地获取海洋水流的能力，在各种海洋调查中对海流走向、流径进行大尺度测量，也可根据需要扩展增加盐度、气压、风速风向等传感器数据，已被广泛应用于海洋洋流研究、污染物追踪、海洋气象观测、海气作用研究、溢油监测、渔业监测、海上救援等领域。

在缺乏观测数据的海域，表面漂流浮标用于大尺度海流观测的效果十分显著，但其随波漂流的特性并不适用于近海海洋观测。未来，表面漂流浮标的重点

(a)

(b)

图 4-11 海上表面漂流浮标

应该以全球大尺度海流观测为主，同时拓展在溢油跟踪、赤潮跟踪、渔业监测、海上搜救等方面的应用场景。而以波浪精灵为代表的表面漂流浮标，可以对海面气温、气压、水温、盐度、波高、波向、波周期等海洋环境进行测量。

表面漂流浮标在各国都有着广泛应用。美国是全球表面漂流浮标使用最广泛的国家之一，美国国家海洋和大气管理局(NOAA)和美国海军都投放了大量的表面漂流浮标，用于海洋科学研究、渔业资源监测、海洋污染监测等领域。这些浮标通常由私营公司生产和维护，数据通过铱星等传输到数据中心进行分析和处理。欧洲海洋观测系统(EOOS)是一个由多个国家组成的合作项目，旨在促进欧洲海洋数据的共享和综合利用，该项目使用各种类型的表面漂流浮标，包括测量水温、盐度、溶解氧等参数的常规浮标，以及用于监测海洋污染、海啸等特殊事件的特种浮标。日本海洋科技厅(JAMSTEC)是负责海洋事务的政府机构，该机构积极推动表面漂流浮标的应用和发展。日本还积极开展国际合作，与美国、欧洲等国家开展数据共享和技术交流。中国在表面漂流浮标领域的研究和应用也取得了很大的进展。国家海洋局、中国海洋大学、中国科学院海洋研究所等机构积极开展表面漂流浮标的研究和开发工作。同时，中国还积极开展国际合作，与美国、欧洲等国家及地区开展数据共享和技术交流。

5 锚系潜标

5.1 概述

潜标是一种水下观测系统，用于观测海洋、湖泊、河流等水域的水质、水文、气象等参数，可以与海面浮标形成互补，实现对海洋环境的立体观测，是海洋科学研究、海洋环境监测和海洋生态系统研究的重要观测设备之一。潜标一般由主浮体、各类传感器的探测单元、数据采集系统、锚泊系留系统等组成，系泊于海面以下百米或千米水层中。它具有良好的隐蔽性，不易被破坏和发现，通过携带的多种测量和探测仪器，能够长期、定点、连续、稳定地对海平面、各水层及海床多方位立体地进行综合监测，如图 5－1 所示。

图 5－1　450 m 水深的潜标系统结构示意图

潜标的工作原理是通过传感器实现数据采集，并将采集的数据进行预处理、存储于自身的存储设备中，每隔一段时间进行数据回收。按照潜标数据的回收方式，可分为自容式潜标系统和实时潜标系统。自容式潜标系统主要采用直接打捞标体方式进行数据回收，实时传输潜标系统可采用感应耦合技术结合水面通信小浮标实时回传、释放器释放潜标上浮连接数据传输终端进行回收，以及实时无线数据传输给浮标再通过卫星转发数据进行回收等多种方式。

潜标因受海面异常天气条件影响和人为破坏影响小，在应用海域范围和观测数据质量上具有显著的优势，是岸基站、舰艇和飞机在空间上与时间上的延伸扩展，是离岸监测、探测水下环境的重要技术设备，被广泛应用于国防军事、海洋科学研究、海上施工和海洋开发等各个领域。

由于科学技术的发展和对各种海洋环境监测的需要，潜标的种类多种多样。按应用功能可分为海洋科学应用潜标、经济应用潜标以及军事应用潜标；按布放水深可分为深水潜标和浅水潜标；按观测学科可分为物理海洋潜标、海洋声学潜标、地球物理潜标、海洋生物化学潜标等；按观测目的可分为内波监测潜标、底流观测潜标、沉积物捕获潜标、天然气开采环评潜标等；按锚定方式可分为单点系泊潜标、多点系泊潜标、海床基潜标等；按数据获取方式可分为自容式潜标、实时通信潜标等；按技术特点可分为爬升式潜标、绞车式潜标、声通信潜标、感应耦合潜标等。

5.2 组成

常规的潜标系统主要由浮力系统、观测仪器系统、声学释放系统和锚泊系留系统组成，如图 5－2 所示。浮力系统用于搭载观测仪器，提供系统浮力。观测仪器系统主要有多普勒声学海流计、温盐深仪（CTD）、单点海流计（Seaguard RCM）、温度传感器（T）、水听器等，主要用于测量温度、盐度、海流、噪声、磁力等海洋环境参数，同时也包括其他类型传感器。声学释放系统主要由声学释放器、甲板单元等组成，用于执行唤醒、测距以及释放脱钩。锚泊系统主要包括系留缆、连接件、连接部件及组合锚，用于将潜标锚系于水下一定深度。此外，定时和实时通信潜标还有采集通信系统，主要用于采集和发送观测的数据。

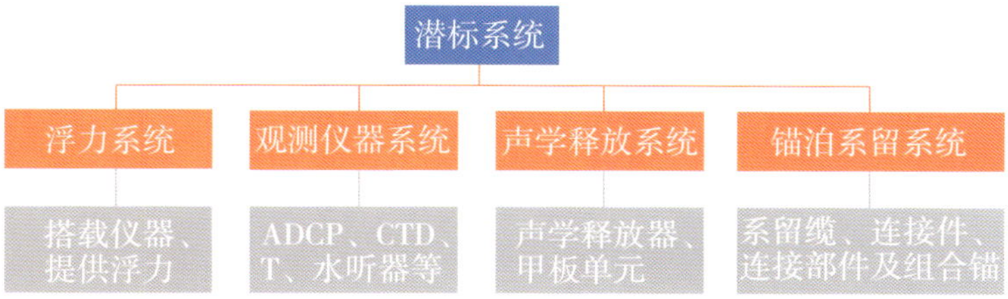

图 5－2　潜标系统组成

5.2.1 浮体系统

浮体系统主要作用是提供整个潜标系统的浮力，具有3方面的功能：①支持系统中的有效荷载。所谓有效荷载就是指系统中的有关系留部件、串联仪器、其他设备(如释放器等)在水中的重量的总和。浮球提供净浮力总和必须大于有效荷载，并且剩余一定的净浮力，才能保证系统不沉入水底，并在布放回收时使系统漂浮在海面。②为系统提供储备浮力，使系统具有一定的抗损能力。所谓储备浮力是指潜标系统中，任一部位以下浮力部件的净浮力与下面这段系统的有效负载(释放器以下的部件除外)之差。储备浮力沿系留索的分布均应是正值，而且还应有相当的盈余量，才能保证系统在任一部位断裂后，下面那一部分仍能使仪器正常工作，并保证释放器释放锚之后，这剩余部分仍能返回海面。③使系统呈紧绷状态，保持仪器良好的工作状态。系统在水下工作时，受海流作用，不可避免地要偏离直立状态，流体阻力越大系统倾斜越厉害。浮力部件的浮力则使其尽量保持直立状态。在设计的千米潜标中所使用的海流计在正常工作时倾斜角度不能超过15°，所以必须在每个仪器层上增加足够数量的玻璃浮球，使仪器的倾斜角度小于15°。

浮体的大小、形状和制作材料，根据设置深度的不同而不同。普通的耐压壳体或密度较小的耐压实心体，可以给位于水体上部的潜标提供巨大的浮力，随着深度的增加，浮体壳壁厚度或浮性材料的密度必须增加，以抗静水压力，因而增加了浮体重量，使得其浮力功效迅速减少。使用的材料包括用于浅水应用的塑料，用于中等深度应用的钢，以及用于深海应用的玻璃球。布放在深海中的潜标浮体，通常由大量的小浮子，如厚壁玻璃球或密度大的微珠组合泡沫塑料组成(图5-3)。

图5-3 潜标浮球

图 5-10 法国 IXSEA 公司的 OCEANO 释放器

目前声学释放器的生产以国外的几个大公司为主，其拥有较成熟的系列化产品，具有代表性的是英国 Sonardyne 公司、美国 Benthos 公司、法国 Ixsea 公司、挪威 Kongsberg 公司、日本 NGK 等。具有代表性的声学释放器为英国 Sonardyne 公司的 Compatt5 释放器和美国 Benthos 公司的 865-A 释放器。英国 Sonardyne 公司的产品涵盖低中高工作频段，其释放方式有电机旋转方式、弹簧辅助式、主动分离式等，其结构材料采用不锈钢或铝铜合金，不间断工作时间为 2～3 a，其 ORT 和 DORT 设备，可分别用于 2000 m 和 6000 m 深水，负载为5100 kg。该型号目前有 300 多台用于海洋探测。美国 Benthos 公司在研制和开发方面处于世界领先水平，形成一系列适用于不同水深的产品，如 Benthos 865-A，实用水深达 12 000 m，负载 22 600 kg，可进行 250 000 次应答，作用斜距为 10 km。法国 Ixsea 公司的产品工作频率为中低频段，作用距离为 8 km，材料为不锈钢或钛合金，释放载荷在 1000 kg 到 5000 kg 之间，工作时间为 2 a。日本 NGK 研制的产品最大使用水深可达 10 000 m，水下服务期达 1 a，最高可达 3 a，最大释放重量为 7 t，空气中的重量从 6. 5 kg 到 63 kg 不等，驱动脱钩的方式分为气动、电动和燃烧线等。

5. 2. 4 锚泊系统

锚泊系统主要包括系留缆、连接件及锚。

1. *系留缆*

系留缆是贯穿观测水深到海底的唯一索具，它与仪器、相关配件串连的有效长度决定观测的深度，选择何种缆绳及其破断力对潜标设计具有重要意义。破断力除了考虑静态外，还必须考虑海洋动力(风、流等)环境因素。在使用非金属缆绳时更要考虑被意外拉断、鲨鱼咬断等因素。系留索可用非金属(合成纤维)缆、金属无扭矩包塑钢缆、锚链等。

(1)非金属(合成纤维)缆：

由合成纤维(尼龙、的确良等)制成的绳索，也常常用作潜标系统的系留索。这些绳索在海水中不会被明显腐蚀。它们的强度与其在水中的重量之比值特别高。它们易于操作和进行绳端处理。不过，纤维绳索较易割断，在张紧的情况下更是如此。如果所在地理位置和海洋深度处有鱼咬的可能，使用小直径的纤维绳索往往会使系统断裂。

Kevlar 纤维：Kevlar 纤维在 1970 年由美国杜邦(DuPont)公司推出，是种强度接近钢材的高性能纤维(图 5－11)。它比重约为 1.44，比水重一点，断裂伸长率约为 4%。

图 5－11　Kevlar 纤维缆绳

尼龙：尼龙是由杜邦公司在 20 世纪 30 年代开发的，是一种非常有弹性的纤维，断裂伸长率 15%～30%，比重低(1.14)。这种轻便、廉价的弹性材料是深水中半拉紧锚系设计的理想选择。它很容易吸收水分，拉伸系数较大。

聚丙烯：聚丙烯比重低(0.91)，易漂浮在海水中。与尼龙类似，拉伸系数较大。

(2)金属无扭矩包塑钢缆：

预成形工艺：预先使钢丝和股绳成螺线形，以便它们就位于股绳和钢丝绳内的工艺。该工艺的优点是可以使钢丝在钢丝绳切头处不易张开，减少钢丝内的扭转预应力，保证在负荷下应力均匀分布，因而延长了钢丝绳的使用寿命。这种工艺是最常采用的标准工艺。

捻法：股绳中的钢丝可以向两个方向捻，即从中心钢丝方向向左捻或向右捻。绳索中的股绳也可以向两个方向中的任一方向捻，因而，构成的标准钢丝绳便有四种可能的方向。

捻距：所谓捻距，就是股绳中的钢丝或绳索中的股绳所形成的螺旋线间距。捻距较短的绳索，其柔软性更好。

金属丝广泛地用于制作系留索。这些绳索的强度与阻力之比特别大。它们易于操作，价格也较低。在许多情况下，还必须使用钢丝绳以抗鱼咬。充分了解它们的性能和使用上的局限性，对于其在深海系留中的有效应用是必需的。图5－12为包塑钢缆。

图5－12　包塑钢缆

图5－13　锚链

(3)锚链：

在深海系留索中需要强度更大和耐磨的地方，我们也常连接锚链(图5－13)以增加可靠性。例如，锚链紧接在浮标标体下面、锚具之上以及接在系留索上的仪器壳体两边，便很有好处。位于锚具之上的一段锚链会分担锚所受的拉力，并可以防止系留索的下段在海底磨损。用在系留索上的锚链通常有两种类型：无档链和有档链。

2. 连接件

连接件用于使系留索跟浮体、锚以及仪器壳体相连接，或者用来使各段系留索互相连接。这些金属连接件有多种，如卸扣、环、圈和旋转环等。

(1)卸扣、圆环、鸡心环：

卸扣(图5－14)、圆环(图5－15)、鸡心环(图5－16)是潜标系留的各部件(测量仪器、缆绳、锚链、浮球组、转环)的连接件，三者通常是搭配使用。最好是采用安全型的、镀锌钢质材料。

图5－14　卸扣

图5－15　圆环

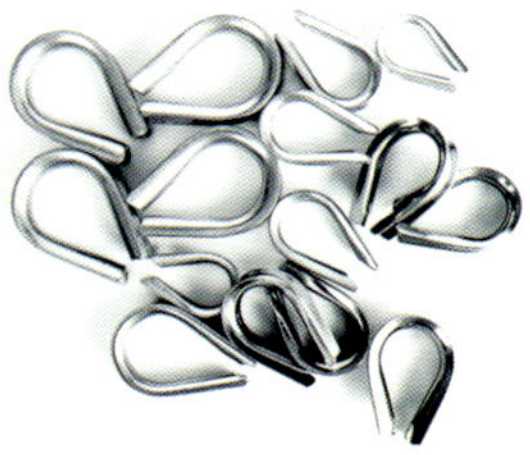
图5－16　鸡心环

（2）旋转环：

潜标工作期间各仪器、配件受到海流等因素的影响会发生旋转，这种旋转运动会传递给系留，增加系留的扭转应力，导致系留的安全性、部分破断力降低。转环可使其所连接的两个组件中的一个优先转动，图 5－17 为转子。旋转接头在承受高系留拉力及长期浸入水中后，必须仍能自由转动。注有润滑油的、镀锌的、带推力轴承的钢质旋转接头，在多数情况下都能很好地工作。

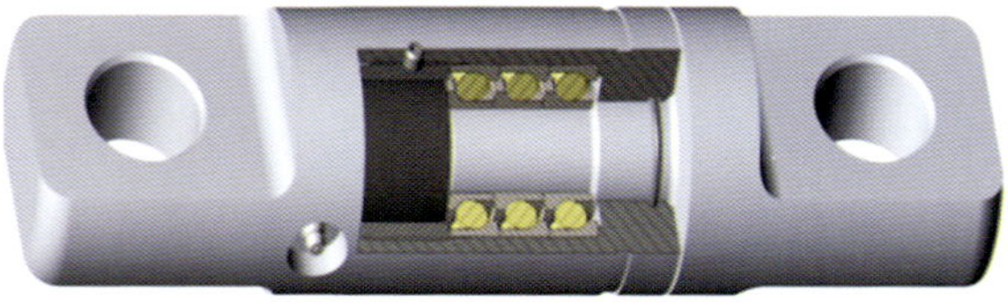

图 5－17　转子

系留索上有时需要接上旋转接头，它可使其所连接的两个组件中的一个优先转动。例如，位于水面浮标下的旋转接头可以防止浮标的任何旋转运动传递给系留索，这样可以减少绳索中的扭转应力；又如，在三腿式系留中的系留腿上悬挂的仪器，当用正交的旋转接头连接的时候，仪器不会受系留索上可能产生的扭矩影响，从而保持了垂直的自由悬挂状态。

3. 锚

锚（图 5－18）的作用是将潜标测量系统锚定在海底。如何选择锚，是潜标系统设计中的关键问题。锚必须提供足够的抓力，然而，其尺寸和重量必须保持在合理范围内。锚的设计以及选择的主导因素是锚上的系留索的拉力方向、拉力大小和海底类型（平坦的、倾斜的、泥质的、沙质的，等等）。锚通常分为三类：自重锚、埋嵌锚和特殊锚。

图 5－18　锚

（1）自重锚：

铸铁块、形状简单的混凝土浇件（图 5－19）、旧的火车轮、成捆的废弃锚链（图 5－20），以及几乎任何结实而沉重的东西，都可作自重锚。这种锚简单，花费少。它能对垂直拉力提供特别好的抗力，因而常常用在位于中小流速的海区的水面浮标上，或局用在预计作用于锚上的水平拉力颇小的场合。

图 5－19　混凝土浇件的自重锚

图 5－20　废弃锚链作为自重锚

（2）埋嵌锚：

埋嵌锚的设计要求：当锚被一水平力拉动时，它能掘进海底，直至深深地、坚实地埋入底质，从而产生抗横拉力的阻力。锚冠能够转动，使锚爪得以保持其合适的锚爪角（锚爪与躯柄之间的夹角）。系留索上的拉力通过躯柄传至锚，而横杆则是用以防止锚的翻身打滚。

为了使锚迅速和完全地埋入海底，锚爪角的选择具有决定性。角度的选择视海底底质而定，对沙质底来说其标准值为 30°～35°，泥质底是 50° 。粗壮的无杆锚对各种底质都适宜，因为在它的设计上结合了两个方面，即对硬质海底有相当的锚重以保持抓力，而对较软底质则具有啃掘海底而埋入的能力。至于体轻而带大锚爪的锚，其型式有多种，例如轻型锚、丹福斯锚、斯泰托锚以及博斯锚。对这些锚来说，只要拉力是水平的，便都可以在沙底、黏土底以及泥底上起锚定作用。锚上通常应接一段链条，以保证躯杆平卧在海底。蕈形锚适用于泥底上的永久系留。当此锚在张力作用下摆动的时候，蕈形锚“盆”内便装满泥巴，因而锚埋得更深。

使锚掘出海底报需的水平拉力与锚的自重之比称为抓力，其值是用来衡量埋嵌锚效能的，该值要通过实验确定，其大小在很大程度上取决于锚的型式、底质类型以及锚爪角的角度。

埋嵌锚的优点是重量轻、对横向拉力的阻力大，缺点是在锚抛下后，必须将锚沿着海底略加拖曳，才能使锚掘进海底而抓牢。如果有一垂直力作用于躯柄，锚就有被拉出海底的可能。

(3)特殊锚：

系留索往往因受到强烈海流或浮标系统构形的作用，而使其拉力方向与海底面成很大的角度。在这种情况下，锚便必须抗拉力的垂直与水平的这两个分力。为此，在设计锚的时候，必须结合锚的自重以及抗横拉力的阻力这两个方面。给锚增加对垂直与水平拉力的阻力的方法：在埋嵌锚的前方设置一个重块，在重型锚上装置锚爪(豪猪型式)，受到水平拉力就会倾斜而自行掘入海底的重型锚，以及采用几节重型链条。

5.3 关键技术

5.3.1 潜标的数据传输

世界各海洋国家布放的潜标以自容式为主，布放水深从几十米到数千米不等。自容式潜标系统于 20 世纪 60 年代开始研制，主要由多个玻璃浮球和浮球框架组成，布放短时间后回收潜标，下载数据。为保障数据的实时性，美国、日本、加拿大、英国等国开展了数据传输潜标的研究，先后出现了与浮标相结合的浮潜标系统、绞车式数据传输潜标和基于抛弃式浮标的数据传输潜标等设备。20 世纪 90 年代绷紧式锚泊浮标系统有新的发展，即通过卫星实时发送测量数据，典型代表是美国建于 1994 年 6 月的“百慕大试验站锚泊系统”(Bermuda Testbed Mooring，BTM)，所有测量数据都通过感应式调制解调器耦合，实时传送给海面浮标，海面浮标通过 ARGO 卫星实时传送数据，也可以在巡航的调查船靠近 BTM 浮标时通过无线电通信把数据传送给调查船。

进入 21 世纪以来，物理海洋领域对水下观测数据实时回传的需求日益增大，要求水下设备进行声传输时有更高的能源利用率，与此同时水声通信技术快速发展，通信速率更高、每比特能耗更低的相干水声通信开始应用于水下设备数据实时传输。除水声通信技术外，国内在水下观测数据实时传输领域还尝试了在长电缆上利用电信号进行水下长距离有线传输。目前实际运行的实时化系统主要分布在近岸、河口等地，在远海大洋布放的潜标实时化鲜有报道。在深远海观测领域，国内外均有布放在深海大洋的潜标观测阵列，其中应用规模较大的有中国科学院海洋研究所的西太平洋潜标观测阵列和美国国家海洋大气管理局以及美国国家潜标数据中心(National Data Buoy Center)的TAO潜标阵列。

实现深海潜标长期实时数据获取的主要技术，难点如下。

(1)数据实时回传系统需要具有极高的工作可靠性，符合海洋工程应用条件，能够在大风、强流以及高浪涌等多种恶劣海况条件和天气条件下保持长期稳定工作。这需要设备组成结构和设备间的连接部件耐压、耐海水腐蚀、抗冲击，设备运行的软、硬件均能够保证长期稳定工作。

(2)该系统处于长期自主工作状态，需要具备稳定的能源获取途径，同时该系统应该具有功耗控制模式，能够保持在远离陆地条件下依靠自身能源供应长期工作。

(3)数据实时回传系统需具有易组装、易维护、易布放、易回收的工程应用特点。深海潜标布放点远离陆地，无法像陆地设备获得可靠的技术保障和支持，而且深海潜标的工作海区通常在大洋深处，海深较大、海况比近岸海域更加恶劣，因此该系统的组装、布放和回收操作要简单、快捷。

5.3.1.1 自容式潜标

自容式潜标的观测原始数据只能储存在水下设备中，数据需要在潜标回收后下载读取，通过搭载不同的观测仪器可以实现不同的功能。自容式潜标是使用最广泛、历史最悠久的一种潜标。自容式潜标的系统比较简单，不需要有复杂的通信采集系统，成本相对较低，其缺点主要是数据的实时性不强，如果潜标不能回收，观测的数据将全部丢失。

5.3.1.2 实时通信潜标

随着卫星、无线电和水声等通信技术的发展及应用，目前已能够实现潜标观测数据的实时和长距离传输。实时传输潜标的数据传输链路通常为：①由传感器到数据采集器，一般在水下水密仪器舱中完成；②由水下数据采集器传输到水面通信设备，可通过线缆或水声通信方式传输；③由水面通信设备传输到岸站数据接收终端，一般通过卫星通信方式实现。实时通信潜标其获取数据的及时性相比自容式潜标要强，但是其系统结构比较复杂，成本也相对较高。实时通信潜标主要通过水下绞车控制卫星通信浮标的方式实现水下观测数据实时传输；自升降通信浮标也可作为水面通信中继设备；还可利用水下滑翔机/波浪滑翔器作为传输中继节点，实现观测数据的机动实时传输。图5－21为浮子式准实时通信潜标结构组成。李楠等综合上述技术途径，设计了4种水下实时观测系统，开展了水下观测数据实时传输功能验证试验，初步实现了观测数据实时/准实时传输，为水下环境定点长期观测提供综合解决方案。如图5－22所示，a为基于水下绞车的水下实时观测系统，b为基于自升降通信浮标的水下实时观测系统，c为基于水下滑翔机的水下实时观测系统，d为基于波浪滑翔器的水下实时观测系统。

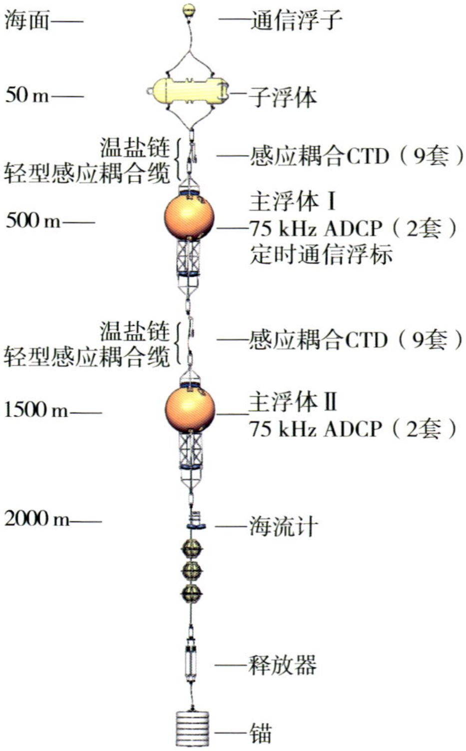

图5－21 浮子式准实时通信潜标结构组成

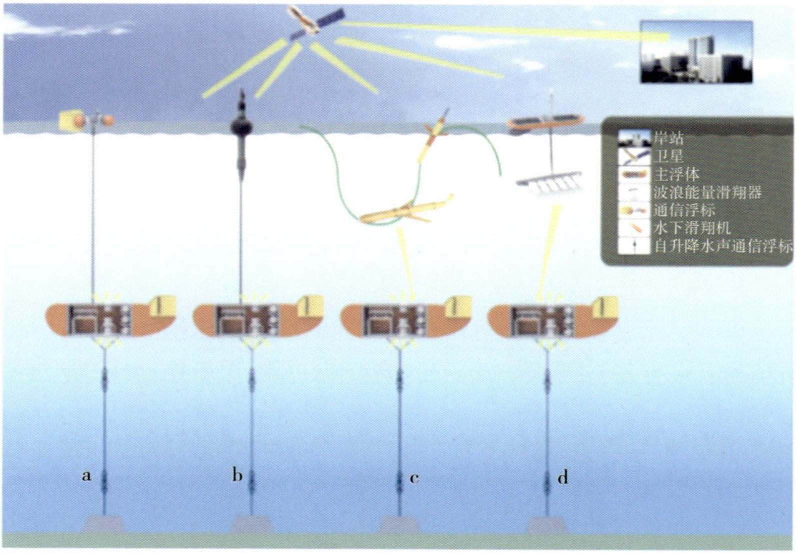

图5－22 水下实时观测系统

1. 基于水下绞车的水下实时观测系统

(1)工作原理:

水下绞车是安装在水下观测系统上的无人值守机电一体化装置,通过内置电机驱动绳索或电缆收放,从而控制测量或通信平台的升降,这样使通信平台藏匿于水中不受台风、海浪或人为因素等的破坏。此外,它还可以实现自动剖面观测。水下实时观测系统通过水下绞车收放卫星通信浮标,需要传输数据时,启动水下绞车释放铠装通信缆使卫星通信浮标上浮出水,通过卫星将数据传回岸站。完成数据传输后,通过水下绞车将卫星通信浮标收到水下设定深度。卫星通信浮标沉到水下后,可通过铠装通信缆或水声通信方式与数据传输控制模块进行通信,传输观测数据。

(2)系统组成:

基于水下绞车的水下实时观测系统主要由主浮体、水下绞车装置、锚泊系留装置、卫星通信浮标和陆上设备等组成,如图 5-23 所示。

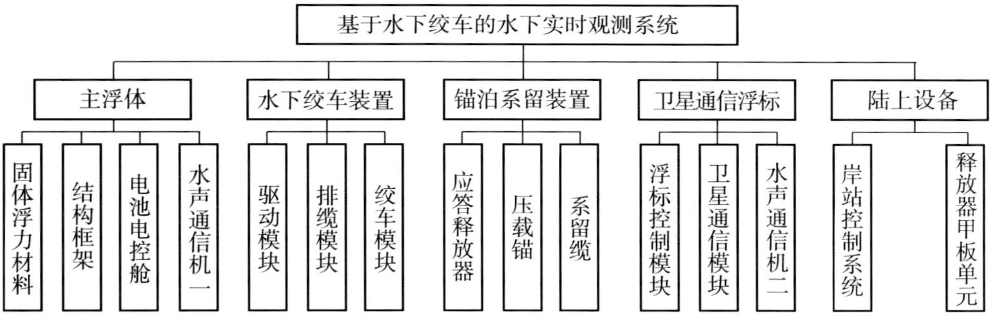

图 5-23 基于水下绞车的水下实时观测系统组成

主浮体包括固体浮力材料、结构框架、电池电控舱及水声通信机等,为水下观测系统提供正浮力及能源,同时承担系统综合控制及数据传输任务。

水下绞车装置是该系统的关键组成部分,负责驱动卫星通信浮标的上浮下潜动作。水下绞车装置安装在主浮体中,与主浮体的电池电控舱通过水密接插件连接,采用 RS232 进行通信。水下绞车装置使用铠装通信缆与卫星通信浮标进行数据传输。考虑到铠装通信缆在涌浪长期作用下有可能损坏,为保证数据传输的可靠性,安装水声通信机作为备选的数据传输手段。

锚泊系留装置包括应答释放器、系留缆和压载锚等，可将水下观测系统系留在固定位置。

卫星通信浮标内有浮标控制模块、卫星通信模块和水声通信机等。该浮标接收电缆或水声通信机发送的数据，在浮标检测出水后，通过卫星将数据传输至岸站。完成数据传输后，反馈给主浮体下潜指令。主浮体控制单元接收指令后控制绞车驱动浮标下潜到设定深度(通常为水下 50 m)，以避免海况及人为因素损坏卫星通信浮标。

陆上设备包括岸站控制系统和释放器甲板单元等。岸站控制系统负责接收、处理卫星传回的数据。释放器甲板单元在系统回收时控制声学释放器动作，释放压载锚，使系统在自身正浮力作用下浮出水面。

(3)关键技术：

水下动密封技术。水下绞车电机在海水中工作，需要防止电机平衡液从内部溢出以及海水进入电机内部，因此必须解决电机壳的静密封和输出轴的动密封等问题。壳体的静密封方面，由于电机采取动态压力补偿，用一道格莱圈即可实现。水下电机轴的动密封方面，常用的密封形式有油封、机械密封和 O 形圈密封等。油封工作压力一般小于 0.05 MPa，耐压型油封可达 1 ~ 1.2 MPa，线速度小于 15 m/s，结构简单，制作容易，安装腔体的结构紧凑，轴向尺寸小，密封性能好，能长时间保持密封效果，价格合理。机械密封结构复杂、庞大，成本较高。O 形圈体积小、结构简单、成本低、工艺性能好，但易老化、使用寿命短。经研究，采用动态压力补偿方式进行密封。在电机内部充变压器油，压力油补偿器以橡胶软管替代。通过压力补偿方式减少电机轴处内外压差值，然后采用抗磨性高且带有一定补偿量的机械密封方式进行密封。该方式可以有效地防止电机内部的高压变压器油溢出或海水进入电机内部，提高了电机密封的可靠性。

水下绞车自动排缆技术。水下绞车在收放缆索过程中完全自主工作，与陆上绞车相比更加需要可靠的缆索自动收放技术。水下绞车有自由排缆和不排缆两种工作模式。图 5 - 24 所示为研制的带有机械排缆器的水下绞车。该绞车的排缆机构有双向丝杆，通过双头螺旋槽和滑块机构，使卷筒每转一圈，缆绳沿卷筒轴向移动一个绳距，并在卷筒两端自动换向。这种排缆器可保证缆绳大致均匀地散布在络车内。

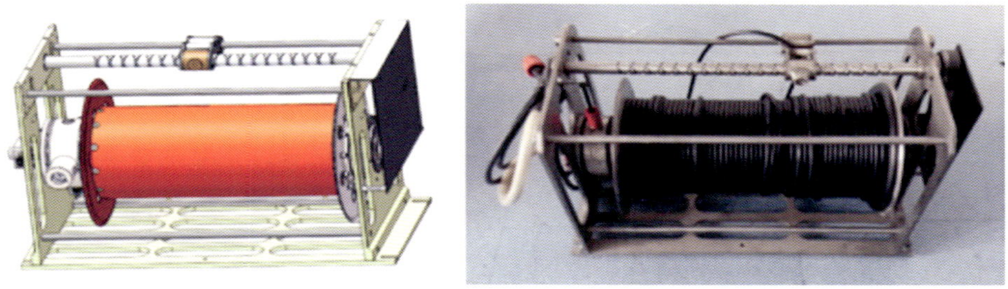

图 5-24　水下绞车

基于水下绞车的通信浮标控制技术。由于卫星通信浮标出水后受风浪流作用而持续运动并反复拉扯通信电缆，极易造成通信电缆内部通信缆的疲劳损伤，因此应尽量减少浮标出水时间。浮标出水后与卫星进行握手通信，握手成功后发送数据，数据发送完毕后反馈回主浮体控制模块，控制绞车驱动浮标潜入水下 50 m 处，该位置受表面洋流及浪涌影响较小。若两次握手不成功，则反馈给主浮体，控制绞车驱动浮标入水，存储的观测数据等待下次一并传输。水下绞车式代表如下。

美国在 1996 年布放的 LEO-15 系统，即使用了基于水下绞车的剖面测量仪，水下绞车固定于放在海底的系统节点上，带动剖面仪进行温度、盐度、氧浓度、光透射、叶绿素等的测量。ODIM Brooke Ocean 公司生产的 SeaCycler 剖面测量系统由加拿大、美国、德国、英国等国家合作研制，使用高效水下绞车带动剖面仪作剖面运动，实现近海表剖面测量，并减少设备在海表层附近停留的时间以保护传感器。剖面仪上连接有通信浮标，在浮上水面后可经卫星将测量数据发送回岸站。剖面测量深度为 150 m，剖面速度为 0.2～0.4 m/s(用户设定)，海上工作时长为 1 年(1 天 1 个剖面)。剖面长约 2.49 m，直径 0.6 m，重 231.5 kg(水中净浮力 104 N)。样机于 2011 年 4 月 16 日到 5 月 26 日在距离加拿大新斯科舍省东南 250 km、水深 1100 m 的海域进行了海上试验，获取了 644 个 150 m 剖面的数据，试验证明在 5.5 m 波浪海况下系统工作正常，并可进行数据传输，在 10 m 波浪海况下系统无损坏。日本日油技研公司(NiGK)研发了三种基于水下绞车的剖面测量潜标系统，由水下绞车带动剖面仪上下做剖面运动完成测量。与 SeaCycler 不同，剖面仪自身可上浮至海表面进行卫星通信，工作深度可达 300 m，运行距离可达 50 km，水中净浮力 105 N，AES 绞车直径 1 m，高 1.8 m，重 225 kg(水中净浮力 196 N)，上升速度 15 m/min，下降速度 9 m/min。SEA-SAW 剖面测量系统将水下绞车与剖面仪集成为一体，最大工作深度100 m，运行距离20 km。该公司还为加拿大海王星系统开发了一种将水下绞车放置在海底的剖面测量系统，剖面仪工作深度400 m，直径0.9 m，长1.45 m，水中净浮力50 N。美国InterOcean Systems公司的VPS系列同样基于水下绞车，在浅海地区，绞车可直接坐底。应用于深海时，绞车可安装在潜标主浮体等水下平台上，可根据用户需要配置系统，进行水面至25 m、100 m、200 m、300 m水深处的剖面测量，剖面速度为5 m/min（VPS25）和10 m/min（VPS100、200、300）。

WET Labs公司的Thetis剖面仪（原名AMP），适用于水深100 m以内的浅海，可进行由水面至距水底1～2 m处的测量，其绞车与剖面仪集成为一体。剖面速度为0.02～0.35 m/s。当剖面仪浮上水面时进行数据传输。美国VHOI研发、MCLANE Research Laboratories公司生产的系缆式自动升降剖面仪MMP，将测量仪器集成在一个中性浮力载体中。载体长1.31 m，宽0.33 m，高1 m，重71 kg，其内安装了电机和电池，可由电机驱动沿系留索作上下往返运动，实现海水温度、电导率、压力、海流流速、流向和倾斜度等参数的剖面测量。测量数据存储在MMP的闪存中，可在回收后处理，或通过感应耦合式传输向外发送。剖面深度可达6000 m，剖面速度0.25 m/s。俄罗斯的Aqualog剖面测量潜标与MMP相似，其仪器载体由电机驱动，沿包塑不锈钢系留索上下运动，使用感应耦合传输装置将测量数据传送到主浮体。主浮体经电缆与通信小浮标连接，数据先由主浮体发送至通信小浮标，再经卫星传输至岸站。剖面仪也可以接收来自岸站的命令。剖面测量深度范围为5～1000 m，仪器剖面运动速度0.1～0.3 m/s，使用锂电池包时运动距离可达800 m，可在最大1 m/s的海流下工作。

2. 基于自升降通信浮标的水下实时观测系统

（1）工作原理：

自升降通信浮标可通过浮力调节实现上浮下潜动作。通过液压泵将液压油从浮标内油箱排至外油囊，增大浮标排水体积，提供浮力使浮标上浮，浮标出水后通过卫星将数据传输至岸站。完成数据传输后，浮标将外油囊内的液压油抽入浮标内油箱，减小浮标排水体积，将自身调节为负浮力并下沉到水下设定深度处悬停漂行。浮标沉至水下后，可通过水声通信方式与数据传输控制模块通信，传输观测数据，如图5－25所示。

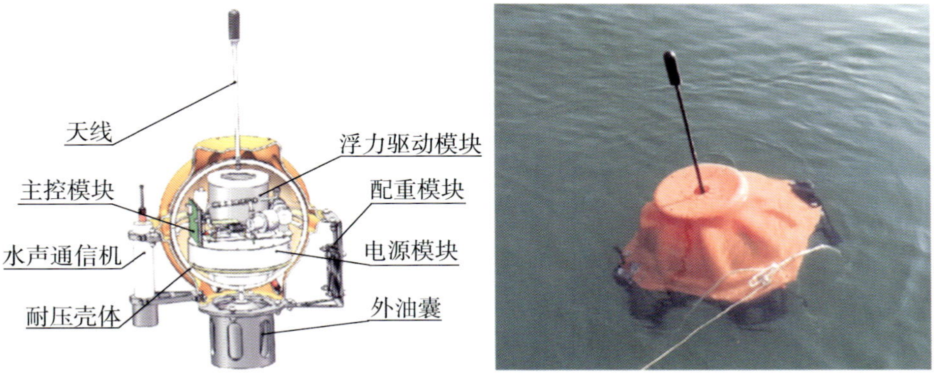

图 5－25 自升降通信浮标

(2)系统组成:

基于自升降通信浮标的水下实时观测系统由主浮体、锚泊系留装置、自升降卫星通信浮标和陆上设备等组成。主浮体及锚泊系留装置与基于水下绞车的水下实时观测系统一致，负责综合控制、数据采集、数据处理、数据发送、锚泊及系留等，如图 5－26 所示。

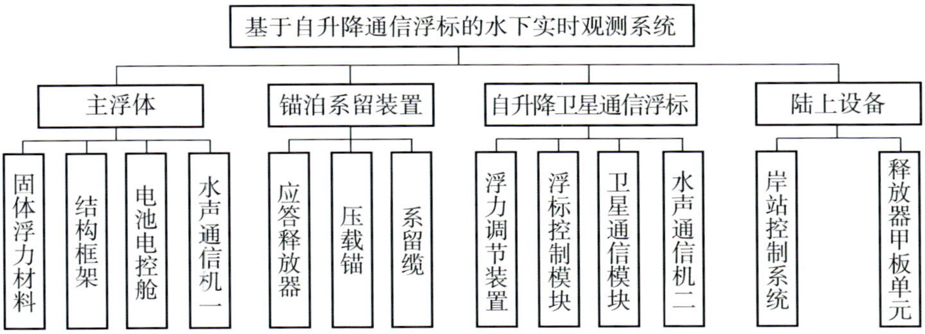

图 5－26 基于自升降通信浮标的水下实时观测系统组成

自升降卫星通信浮标由浮力调节装置、浮标控制模块、卫星通信模块和水声通信机等组成。自升降通信浮标是在剖面漂流浮标的基础上改进而来，通过浮力调节实现上浮下潜，可极大地节省能耗，并为水声通信机提供更长的工作时间。浮力调节装置通过电机驱动活塞在液压缸内上下移动实现充排油过程，控制浮标上浮下潜。控制模块发送指令控制浮标上浮，在近海面时，向浮标油囊充油，提供更多浮力确保浮标出水高度，增强浮标抗风浪能力并提高卫星通信成功率。浮标检测出水后，通过卫星通信将数据发送到岸站。数据传输完毕后，控制模块控制浮标下潜到设定深度(通常为水下 50 m)悬停漂行，等待下一次的数据传输。

(3)关键技术：

自升降通信浮标是在剖面漂流浮标技术基础上研制，加装了水声通信机，增加了油囊浮力调节能力，扩充了电池组能源，并将通信采集模块扩展成数据采集、接收、发送为一体的多功能数据传输模块。通过调整浮标的工作流程，适应声通机的水下数据传输及出水后的卫星数据传输。加装声通机后系统耗电量增大，通过增加电池电量及合理配置供电模式来减小系统能耗，增加水下在位时长。升级控制模块，对浮标更改后的质浮心进行计算，开展配平及搭载性能测试，调整浮标的水下姿态，便于水下声通机数据传输。

由于声通机在海面受声波反射影响，通信成功率较低。另外，浮标出水后易受外界环境及人为因素破坏。在浮标出水完成数据传输后，控制浮标下潜至水下 50 m 深度处悬停漂行，等待下次数据传输。

3. 基于水下滑翔机的水下实时观测系统

(1)工作原理：

水下滑翔机可根据设定航路到达潜标所在位置，作为通信中继节点通过水声通信接收潜标观测数据。水下滑翔机出水后，将观测数据通过卫星传回岸站。水下滑翔机可在设定区域机动游弋，需要传输数据时，则返回潜标附近通过水声通信方式传输数据，如图 5 -27 所示。

图 5 -27　水下滑翔机

(2)关键技术：

以水下滑翔机作为通信中继节点实现观测数据实时传输，需要实现水下滑翔机的虚拟锚泊功能，可在一定范围内长期游弋，在受海流作用而漂移时能够航行返回设定位置以实施水声通信。另外，需要研究如何在水下滑翔机上适配搭载水声通信机并开展适应性改进，提供相应的机械安装和电气接口。由于水下滑翔机携带能源有限，需要增强电源管理，并开展低功耗设计工作，满足长期水下通信需求。

4. 基于波浪滑翔器的水下实时观测系统

(1)工作原理：

波浪滑翔器具备虚拟锚泊能力，可动态锚泊于海面设定坐标位置，作为潜标的通信中继节点。当波浪滑翔器受风浪流的影响导致坐标发生偏差后，可通过其自身航行能力返回原有位置。潜标通过水声通信方式将水下观测数据发送至波浪滑翔器，波浪滑翔器接收数据后，通过其自身天线将数据通过卫星传回岸站，如图 5－28 所示。

图 5－28　波浪滑翔器

(2)关键技术：

以波浪滑翔器作为通信中继节点实现观测数据实时传输，需要突破波浪滑翔器的虚拟锚泊技术，尽量减少虚拟锚泊航行中的位置偏差，将波浪滑翔器控制在一个较小的范围内，从而提高水声通信可靠性和成功率。另外，需要研究如何在波浪滑翔器上适配搭载水声通信机并开展适应性改进，提供相应的机械安装和电气接口。

5.3.2　潜标的数据采集

数据采集(data acquisition，DAQ)系统负责各类传感器的数据采集、打包、压缩、存储以及和数据接收终端数据通信、回收等工作。它是一个复杂的数据采集系统总体，包含信号处理、数据实时采集和处理、数据校验和重传、无损数据压缩、低功耗数据存储、高速数据传输、高速数据存储、低功耗控制等多项技术。张智磊等人设计的潜标 DAQ 系统主要由三块板卡组成，分别为信号采集板、数据缓存板、数据存储板。

信号采集板：主要完成各类传感器的实时数据采集工作，将多路采集数据按既定格式进行打包，然后通过串口传输给数据缓存板。

数据缓存板：对信号采集板送出的数据先进行校验，不满足校验条件的启动数据重传功能。然后进行数据压缩和缓存工作，小容量的数据缓存介质采用 SD 卡(secure digital memory card)，在数据缓存达到一定阈值后，将数据按最终格式通过并口转存至数据存储板。

数据存储板：对数据缓存板传输的数据进行同样的校验工作。进行数据的最终存储，采用大容量高速的 SSD 作为数据存储介质。在进行回收工作时，通过数据存储板上的双网口将数据回收至数据接收终端。

通过对潜标 DAQ 系统设计需求的详细分析，张智磊等人提出五种可应用于潜标 DAQ 系统的关键技术：无损数据压缩技术、SD 卡驱动和控制技术、SSD 驱动和控制技术、千兆网络数据传输技术、数据重传技术 。

无损数据压缩技术，又被称为信息保持编码、熵编码、无失真编码等，是指根据一定的方法对大量数据进行编码处理以达到信息压缩存储的过程，在数据压缩的过程中不允许精度的损失，对被压缩后的数据进行解码，解码后的数据必须与原来的数据完全相同。潜标 DAQ 系统测得的原始数据量巨大，对回收终端接收速率、存储设备容量和系统总体功耗都提出了较高的要求。一般来说，对于任何一种应用的 DAQ 系统，数据传输速率越快，其系统功耗越高，两者本身是矛盾的，通常只能在满足需求的情况下让两者达到一个动态平衡。因此，潜标 DAQ 系统引入了无损数据压缩这一关键技术，它能避免这样的矛盾，同时实现降低功耗和提升数据传输速率。

SD 卡驱动和控制技术。SD 卡是一种基于半导体闪存工艺的存储卡，其主要有大容量、多种数据传输模式和传输速率、便携灵活、高安全性以及抗冲击等优点，其广泛应用于数码相机、计算机、手机等日常设备，同时也常作为潜标 DAQ 系统的缓存和存储设备。

SD 卡根据数据传输模式不同可分为六种，分别为 SPI 模式(12.5 MB/s)、SDIO 模式(12.5 MB/s)、UHS-Ⅰ模式(104 Mb/s)、UHS-Ⅱ模式(312 MB/s)、UHS-Ⅲ模式(624 MB/s)、SD Express 模式(3940 MB/s)，总线速率依次增高。SD 卡速率与其功耗、成本和对接设备速率呈线性关联。

SSD 驱动和控制技术是潜标 DAQ 系统中的关键技术之一，通过采用高性能的 SSD 作为存储介质，结合优化的驱动和控制软件，可以实现高速、大容量、高可靠性的数据采集和传输。同时，SSD 的低功耗特性也有助于延长潜标 DAQ 系统的运行时间，提高系统的整体性能。

千兆网络数据传输技术是基于千兆以太网 MAC 层的数据传输技术。该技术由于没有添加额外的数据传输协议，在 MAC 层上实现数据传输，将千兆网络的数据传输速率和效率发挥到极致，因此具有集成度高、传输速率和效率高、开发相对容易、实时性强等优点，同时能够适应长距离的数据传输，理论上满足潜标 DAQ 系统大数据量、高速和实时性强等需求。

数据重传技术是指数据传输过程中，当发生数据丢失、错误或超时等情况时，通过重新发送数据进行补发，以保证数据的完整性和正确性。对于不同设备的数据传输而言，受潜标的水下工作环境影响，有极小概率产生诸如震动、接触不良、电力波动等非潜标 DAQ 系统的外界因素影响，将导致数据传输发生错误或丢失。故而必须采用数据重传技术这一关键技术，重新传输丢失或错误的数据，保证数据的连续性和可靠性，降低误码率。

5.3.3 潜标的定位技术

潜标布放时的漂移距离会随着海深的增加而增加，导致潜标在海中的实际位置与入水坐标存在数百米的误差。对于深海海域，潜标整体长度在1000～6000 m之间，在海流的影响下，潜标姿态往往有一定的倾斜，主浮体和重块的水平距离可以达到几百米到近千米。故虽然记录了潜标的入水坐标，潜标的位置有可能发生很大的变化，给潜标的搜寻工作带来很大的困难，甚至直接导致回收失败、系统丢失，造成巨大的经济损失。为了得到潜标在水中的实际位置以便回收工作的顺利进行，有必要进行重新定位。特别是在潜标回收时，如果遇到释放器失效等情况造成潜标无法回收，卫星通信设备无法工作，必须先进行定位以及姿态分析，得到潜标的实际位置以及水下姿态等信息才可开展打捞工作。常见的有两种定位方法：十字交叉法、三点法。

5.3.3.1 十字交叉法

1. 设计原理

十字交叉法的原理是基于几何方法的中垂线定理，即通过声学释放器的测距功能，设计船舶行驶的多条测线，并在途中进行多次测距，最终找到距离潜标最近的坐标。该方法原理简单易懂，便于操船人员理解和执行，缺点是需要较长船时，精度较低。

2. 实施方式

首先根据记录的重块入水点，船舶航行至目标点附近距离1海里(1海里 = 1852 m)左右，以正北方向距船舶一海里处为目标点，然后分别确定试探测线、确定测线以及验证测线。

试探测线：由目标点和船舶的连线确定，长度为1～2海里，具体视测量结果决定。

确定测线：根据试探测线的结果，以其垂直线和最小测距坐标为垂足确定测线，通过确定测线可初步得到重块沉底的位置坐标。

验证测线：以确定测线的垂线和第二次最小测距坐标为垂足验证测线，通过验证测线来验证最终重块的沉底位置。

“十字交叉法”船舶航行轨迹如图 5－29 所示，具体实施步骤如下。

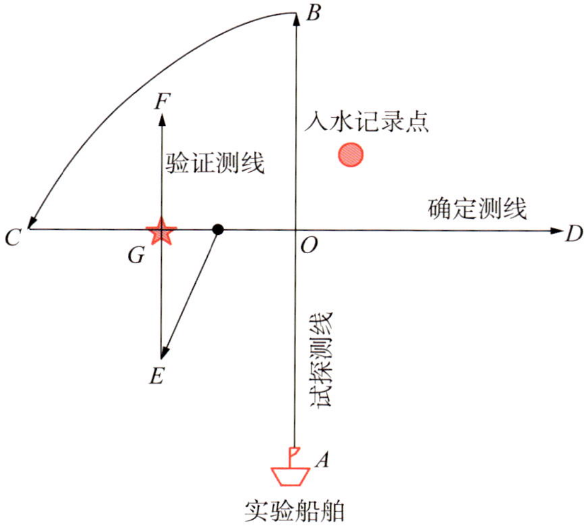

图 5－29　“十字交叉法”船舶航行轨迹

(1)船舶航行通过 AB 测线，其间每隔 5 min 做一次声学释放器应答实验，并记录距离值和坐标，根据距离值的变化情况(如从大到小再到大)，提取两个距离值最相近的点连线，其中垂线所在位置可定出确定测线 CD。

(2)船舶航行通过 CD 测线，同 AB 测线步骤可得另一中垂线 EF，两条中垂线的交点可定出坐标点 G 点。

(3)最后船舶航行通过 EF 测线，同样进行声学释放器应答实验进行验证。如经过 G 点前后距离值由大变小再变大，则证明 G 点为最终计算得到的水泥块沉底坐标。

实际航行路线为 A→B→C→D→E→F。

5.3.3.2　三点法

1. 设计原理

三点式潜标定位法只需要对 3 个非同一直线上的坐标进行测距，测量过程在回收航行过程中即可完成，即能准确定位重块在海底的实际位置。相比十字交叉法，该方法基于数学计算和几何模型，执行难度较低，节省船时。

为实现上述目的，所采用的技术方案包括如下步骤：

①获取三个释放器响应距离内不同位置的经纬度和相应的测距值。

②把数据代入本文的几何模型中。

③通过程序进行计算处理，得到重块经纬度和深度的计算值和示意图。

步骤①中需要在调查船靠近潜标的航行中做3次测量（其间距离不宜过小），相对于十字交叉法，需要设计特定的测线进行定位，节约了船舶航行的时间和成本，这是本方法的一大优势。

步骤②中涉及的计算方法构建的几何模型如图5－30所示：3次测量实验的坐标计为A、B、C（3点应相距一定的距离且不在同一直线上），所测得的3个距离值计为r_a、r_b、r_c，设L点为重块在海中的坐标，以A为球心、r_a为半径的球与以B为球心、r_b为半径的球相交于面1。同理，以A为球心、r_a半径的球与以C为球心、r_c为半径的球相交于面2。其平面示意图如图5－31所示。图中，A、B、C 3点所处面为海面，OD为球A与球B相交面在海面的投影，OE为球A与球C相交面在海面的投影，则OL垂直海面于O点，O点为线OL在海面的投影。由几何关系可知，面1与面2必垂直于海面且二者相交于直线OL，则OL也垂直于海面，具体计算过程略。所以O点的经纬度即为所求重块的位置，OL的长度为重块处的海深。

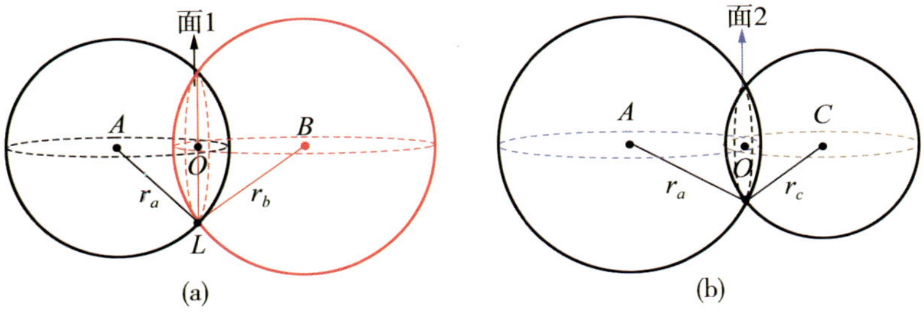

图5－30　空间几何模型示意图

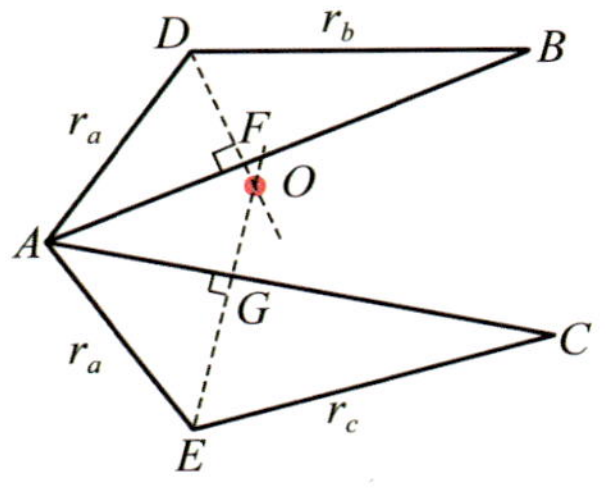

图5－31　平面几何模型示意图

步骤③中的计算程序基于软件编写，计算结果包括重块的经纬度、重块所处位置的海深以及测量结果的位置等。

2. 实施方式

下面将结合图例对实施方式进行说明。实施方法流程图如图 5－32 所示。

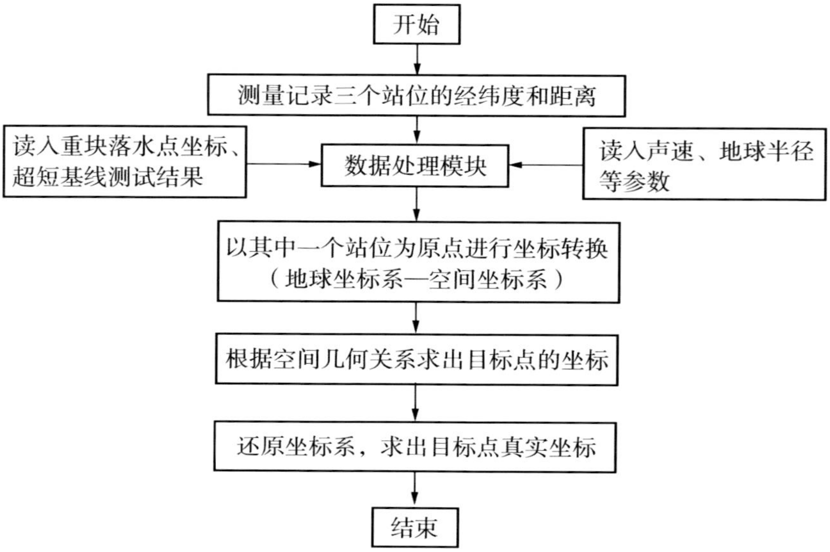

图 5－32　三点法计算流程图

具体实施步骤如下：

①在潜标布放点附近的 3 个不同站位进行 3 次声学释放器响应实验，得到 3 组数据，该步骤可以在回收潜标的航行过程中进行。

②输入重块落水点、当地平均声速、地球平均半径、超短基线测试结果（如有）等参数。

③把地球坐标系转换为以 A（B、C 也可）为原点的空间坐标系，记为 A 坐标系，求出 A 坐标系中 B、C 的坐标。

④根据空间几何关系，计算得到目标点的坐标以及 OL 的长度。具体计算步骤如下：求出球 A、球 B 与球 A、球 C 的两个相交圆所在平面的方程；求出平面 ABC 的单位法向量；由平面 ABC 和两个相交圆所在平面定出 O 点的坐标以及 OL 的长度。

⑤还原为地球坐标系，得到目标的经纬度值和海深。

5.4 应用现状

5.4.1 国外潜标发展及应用

美国从20世纪50年代开始研究潜标技术，苏联、法国、澳大利亚、日本、德国和加拿大等国也紧随其后，相继开展研究和开发潜标。从20世纪60年代初开始，很多海洋研究机构就开始在墨西哥湾、西北太平洋、日本附近的黑潮区、琉球群岛附近以及中北大西洋海域布设潜标系统。其中，最有名的美国伍兹霍尔海洋研究所(WHOI)在1965年就开始将载有52个海洋仪器的18套潜标布放于太平洋内，此后的6年内，又在西经70°的北大西洋海区陆续布放250套潜标系统。20世纪70年代，潜标系统开始应用于美国海军，并且平均每年都布放几十套，其中就有最为著名的系泊式声学潜标系统(MABS)，该系统对潜标声学数据记录系统进行可编程优化。1983年，美国海军水下系统中心又研制出多水听器数字化声学潜标系统，该系统首次采用8个水听器进行阵列组合，进行数字化输出，其动态范围能达到72 dB。20世纪80年代中期，美国开始将潜标用于海洋资源开发和区域性监听系统。美国EG&G公司将潜标系统布放在距离石油钻井平台7 km处的位置，对内波进行监测。美国NUSC成功研制被动声搜索型声呐潜标系统，该系统可对敌军目标产生的噪声进行监测，从而确定目标方位。1986年，美国新罕布什尔大学利用磁感应传输对缅因湾口的水下CTD数据进行了实时获取，在6个月时间内获取了水深270 m的CTD数据。通过磁感应传输获取水下数据具有较高的功耗效率比，但设备之间需通过钢缆连接，连接缆重力较大，需要匹配浮力设备，不适合长距离的水下数据实时传输。1990年，美国WoodsHole海洋研究所尝试采用水声通信技术将水下设备数据传输至浮标，然后通过卫星中继传送到岸站。该系统测试了水下300 m、1500 m和2900 m三套设备，仅有1500 m水深的通信机可以正常工作。美国国家大气海洋管理局也开展了利用水声通信获取水下温深盐海流等参数的实验，采用非相干点对点通信，速率600 bit/s，工作时长5个月。1994年，美国“百慕大试验站锚泊系统”实现了潜标数据远程无线传输，其潜标挂载的水下仪器通过感应耦合传输，利用一根单芯锚泊缆将数据传输到海面浮标，浮标通过Argos卫星将数据传送至岸站，也可在调查船靠近BTM浮标时通过无线电通信下载数据。1998 年，美国正式启动了著名的“海王星”海底观测网络计划，目标建立区域的、长期的、实时的交互式深海观测平台，在几秒到几十年的不同时间尺度、几微米到几千米的不同空间尺度上进行多学科的测量和研究。目前美国在墨西哥湾、日本黑潮区、琉球群岛附近以及中北大西洋海域都常年维持 15～20 套潜标系统，同时也在印度洋、格陵兰海域、加勒比海、夏威夷以及南太平洋海域布放回收潜标系统，均成功获取数据，仪器的回收成功率高达 95%。美国国家科学基金会于 2009 年启动 001 观测网，其潜标准实时通信方式有 2 种：一种是通过海底电缆传输，另一种是通过水下滑翔机中继传输。前者仅适用于近岸观测，后者则适用于密集分布的潜标阵列，对于单套潜标或空间距离较大的阵列则不适用。华盛顿大学研发了浮子式准实时潜标，主要应用于浅海观测。现在美国的应用潜标系统研究已经十分先进，不仅拥有一批非常专业的潜标研发工作人员，其潜标的回收布放技术和潜标搭载的各种仪器也是世界一流。据报道，美国潜标系统所获取的海洋资料占其全部海洋资料的 30% 以上。

在 20 世纪 70 年代，日本开始潜标系统的研制，最初研究目的是进行海流监测。21 世纪初，日本在伊豆海岭东部深海海域进行潜标系统布放回收，在这一海域共布置五个潜标观测站，最大深度达 6000 m，回收回来的数据对海洋涡流的生成、传播、转化等问题的研究提供了可靠数据。近几年日本每年都要在南太平洋的东经 137°和东经 155°两条主要观测线上布放十几套潜标系统。日本 NIGK 公司研制绞车式潜标观测系统，对深海环境进行垂直剖面测。研制成功以后，先后应用于哥得兰海盆、格陵兰岛以及地中海的科西嘉海峡等地的区域水动力参数实时获取，如图 5－33 所示。

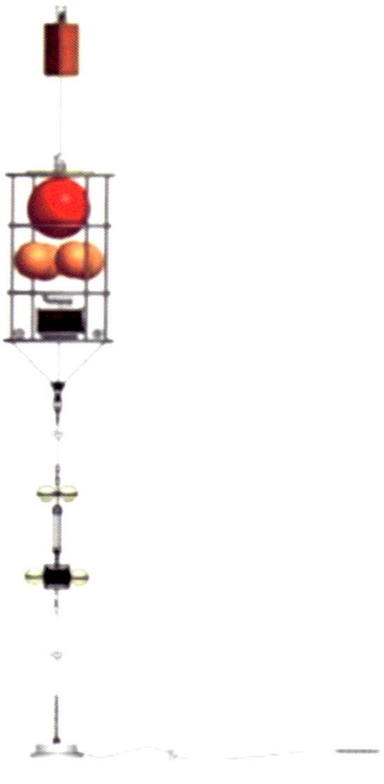

图 5－33　NIGK 公司生产的绞车潜标系统

英国从 20 世纪 70 年代起，陆续布放了 400 余套潜标系统。法国布列塔尼海洋研究中心为获取海洋温度、海流随深度变化的资料，曾在海上布设了50多套潜标系统，最大工作深度为6 km。法国与日本等国联合研制的“热带海洋大气阵列”（tropical atmosphere ocean，TAO）锚泊浮标和潜标系统，布放于赤道附近的太平洋上，可对其水温与流速等参数进行测量和自存储。

苏联对潜标的发展也相当重视，苏联海洋研究所研制一种沉没式自动浮标站，该系统添加的浮标下潜动态和标锁负荷是两个具有重要实际意义的特性参数，被大量使用在北极浮冰区的水文环境监测中。俄罗斯太平洋研究所研制的用于海洋环境监测的自动水下声学记录仪，最高工作频率高达15 000 Hz，可连续工作18 d或在无发射状态下连续工作30 d，数据在仪器内进行初处理，生成16位的数字信号后储存在仪器内置的硬盘内。

进入20世纪80年代，世界上越来越多的国家都开始了潜标系统的研制，并开始将潜标系统应用于大型国际合作研究项目中。北大西洋公约组织中的成员国也在地中海海域布放坐底式海洋潜标平台，整套潜标系统按照预定程序定时、定点地获取地中海海域的水流资料，并将预处理好的数据暂存在储存器中，然后定期由水下机器人与潜标对接，取出各项记录数据；也可以借助水下高速通信设备，将所测得的各项数据发送到中继浮标处，再由中继浮标借助无线电通信系统，将各项数据发送回基地。

2000年，法国海洋开发研究所与MARTEC集团合作研制的浮标ProvorCT投入使用。其工作内容与潜标有很大重合度，其潜入水下最大深度为2 km，收集海洋环境数据，每隔约十天自动上浮至海面，通过卫星将数据进行回收，预计下潜上浮总循环次数约160次。该浮标可以运行三年以上，预计投放数量达3000。2007年其又研发了ProvorCT3，性能进一步提升，循环次数达220次。

随着科学技术的发展、成员国的增加和大量金钱和精力的投入，潜标在基础理论研究方面，新材料、新工艺、新技术的应用方面，潜标的布放与回收技术方面都有了长足的进步。

5.4.2 国内潜标发展及应用

我国潜标系统技术研究始于20世纪70年代，相比欧美等发达国家，我国潜标技术的研究起步较晚。20世纪80年代后期，我国研制了第一台自容式潜标系统，在我国南海布放和使用。1982年，国家海洋局开始针对潜标相关关键技术进行立项突破，自主解决了系泊缆、锚链、声学应答释放器等核心问题，并对其进行海试。在回收的5套潜标中，成功获取测量剖面连续7 d的真实详细流速流向等资料，此次海试标志着我国潜标技术成功从试验阶段走向使用阶段。1986年，我国完成千米测流潜标系统的研制工作，基本掌握了潜标系统设计、制造、布放、回收等技术。1987年，原国家海洋局技术研究所在“七五”期间开展4000 m潜标相关实用技术研究，整个团队历时4年研制成功，使我国潜标技术得到极大的发展，提高了潜标系统对船舶的适应性和海区适应性。在以后的多次出海调查中，一直使用该潜标系统，获取的数据从最早的7 d成功延续到21 d。

原国家海洋局技术研究所在“九五”期间开展H/HQB型潜标系统研究工作。2000年，在我国南海北部和巴士海峡海域成功布放回收8套潜标，该潜标系统采用我国自主研制的QFS1-2A型声学应答释放器，最大布放深度达到4700 m，回收成功率高达100%，回收数据近百万组，获取了该海域正确、详尽、系统的海流情况。这期间，我国的潜标技术进入了实际应用阶段，并在潜标系统的设计、制造、布放、回收等主要技术方面接近国际先进水平，具备了研制覆盖我国领海和周边海域的潜标系统的能力。同时，还编制了潜标在海流作用下的姿态及系统张力计算软件，可方便地进行潜标的设计计算；研制生产了潜标系统的关键仪器——声学应答释放器。

2002年，中国船舶重工集团有限公司第七一〇研究所依托国家高技术研究发展计划(863计划)，在世界上率先开发出具有自主知识产权的海洋实时传输潜标产品，解决了潜标数据远程实时传输的国际难题，弥补了传统自容式潜标的缺陷。2006年，在南海1650 m水深海域完成了海上布放和示范运行，经过深海实际考核，系统及测量数据正常有效，回收后的样机损伤极小，简单修复保养后即可再次布放使用。2007年11月，实时传输潜标赴印尼参加国家海洋一所的国际合作项目“印尼爪哇沿岸上升流的潜标观测”。

2005年，中国科学院海洋研究所将高效波浪能转换装置与潜标系统相结合，抛弃传统电池能源供给方式的弊端，成功设计出一套由波浪能驱动的潜标系统来进行深海环境要素的测量，并顺利地通过海上试验。2010年，中国科学院海洋研究所设计制作6000 m海洋潜标观测系统，使用仿真模拟软件对潜标的锚系系统进行数值计算，确保潜标系统能够精准定位布放。2012年，中国科学院海洋研究所在中国科学院科研装备研制项目的支持下，研制了海床基自治式海洋要素垂直剖面实时测量平台装置，水下绞车放在海底，带动剖面仪运动，进行温度、盐度、压力、浊度、叶绿素、溶解氧等的剖面测量。剖面仪可上升到水面进行数据通信。2012年，我国南极科考大洋队在南极海域成功布放4套潜标，填补国内对普里兹湾北部湾口的观测空白，是建成湾内湖水与外界水流流通路线观测系统的重要一步。

2009—2014 年，国家海洋技术中心研制了浅海和深海海洋水文潜标系统，分别用于获取 400 m 以浅和 4000 m 以浅海域的水下温度、电导率、深度、海流及其剖面分布等海洋环境要素观测数据；研制了深海海洋声学潜标系统，配置多通道海洋环境噪声剖面测量系统、声学海流计、声学多普勒海流剖面测量仪、自容式温深测量仪及自容式温盐深测量仪，获取 4000 m 以浅海域水下环境噪声、温度、电导率、深度、海流及其剖面分布等海洋环境要素观测数据。为满足西北太平洋海洋环境放射性长期定点在线监测需求，该中心研发了用于获取 6000 m 以内水层核辐射、温度、电导率、深度、海流及其剖面分布等海洋环境要素监测数据的核监测潜标。2013 年在西太平洋水深约 5500 m 海域布放了 2 套核监测潜标；2014 年在西太平洋水深约 5200 m 海域又布放了 1 套，并回收了 2013 年布放的 2 套潜标。水下在位工作时间分别达到 375 d 和 304 d。目前，该中心研发的定时传输潜标系统已进行了初步海试，根据需求可释放 6 ～ 24 枚通信小浮标。

中国船舶重工集团有限公司第七一〇研究所在国家 863 计划的支持下，“十五”期间与国家海洋技术中心合作，开展了基于卫星通信的实时传输潜标系统的研制工作。“十一五”期间，在原实时传输潜标装置的基础上，应用新型浮力材料，改进了主浮体的耐压性能和抗沉性，增加了安全报警装置，提高了单个浮标的通信寿命，完善了国产自主卫星实时通信传输接口。同期，该研究所还研制了基于水下绞车的新型实时传输潜标，集实时传输潜标和升降浮标技术为一体，具有可获取海洋动力要素信息、快速实时传输等特点，一次布放可在位 3 个月，最大使用深度 4000 m，测量深度范围 0 ～ 1000 m。海上试验表明，其探测目标系统、水下绞车等功能和性能已达到世界领先水平。该研究所研制的浮力驱动升降平台潜标系统于 2010 年完成了海试。

2016 年，我国热带西太平洋科学观测网初步建成。其中无线实时传输潜标系统是一种新的海洋观测技术，该系统由水下潜标和水面浮标共同组成，水下潜标实时采集流速剖面等数据，通过水下无线通信系统将数据传输至水面浮标系统，再由水面浮标利用卫星通信模块建立卫星通信链路，将数据通过卫星通信传输至陆地数据监控中心。该系统优点在于布放方式简单、数据时效性强；缺点在于通信速率十分有限，数据采集信息较少，成本较高，易被发现和破坏。

2017 年，由西北工业大学研制的国内首套万米全水深声学观测潜标在马里亚纳海沟挑战深渊试验成功，为世界深海声学传播特征的研究奠定了基础。同年，中科院海洋所开发设计垂直剖面实时测量潜标系统，该系统将以往潜标搭载传感器的定深观测改为自动升降剖面观测，传感器与绞车连接，沿潜标系留缆进行垂直剖面观测，到顶部之后通过数据耦合的方式将数据传输到海面通信浮标，为深海多参数立体环境观测提供了一种安全、可靠、高效的方法。2015 年起，中国科学院海洋研究所研发了浮子式实时/准实时潜标观测系统并在西太平洋海域开展了规模化应用，于 2019 年实现了深海 6000 m 实时数据传输。中国海洋大学在“十二五”期间研制了深水定时卫星通信潜标系统，2015—2016 年在西太平洋成功完成了一系列海试，实现了观测数据的定时回传。该潜标主浮体上架装多个弹射抛弃式卫星通信浮标，按设定时序定时释放至海面，通过卫星进行数据传输。

近年来，潜标系统在海洋调查中得到了较为广泛的应用。国家海洋技术中心、中国船舶重工集团有限公司第七一〇研究所等单位都开展了各类数据传输潜标的研发工作。其中，国家海洋技术中心在海洋公益专项经费的资助下，完成了深海实时剖面观测技术与装备的研制工作，重点突破了水下绞车、系缆式自动升降剖面测量平台控制、抛弃式水面浮标释放与数据传输等关键技术，实现了潜标剖面测量及数据回传。同时，国家海洋局第一海洋研究所、第二海洋研究所、第三海洋研究所及中国科学院海洋研究所、南海海洋研究所等海洋研究单位也均利用进口的仪器设备集成为潜标系统，进行海洋调查研究。

6 海床基

6.1 概述

海床基是以布放在海底的坐底式平台为依托，集成多种海洋环境观测设备或传感器，获取多类海洋环境要素的观测系统，是布放在海底对海洋环境进行定点、长期、连续测量的综合监测装置，实物如图 6 - 1 所示。与传统监测方式相比，海床基的布放通常依托于坐底式平台，这种平台可以稳定地放置在海底，并能够承受海洋环境的影响和侵蚀，具有原位、长期连续、不受海况和天气影响、数据质量高、可多要素同步监测的技术优势。

图 6 - 1　海床基平台示意图

海床基的观测设备或传感器通常包括声学多普勒流速剖面仪、温盐深剖面仪、水下摄像头、水听器等，可以实现对海洋环境的全方位观测，实时收集海洋环境数据，包括水温、盐度、流速、水质等参数，从不同角度揭示海洋环境的真实状况，同时，海床基还可以配备化学分析仪器等设备，对海水中的化学成分进行分析和监测。水下监测传感器对海洋底层水体进行连续监测，水声通信机在获取海底传感器监测数据后，通过声学换能器将声信号发射到海面接收设备，通过转码后，最终将数据通过卫星或其他方式传输到数据应用平台。截至目前，采用海床基开展海洋监测已得到了广泛应用，也受到各海洋国家的重视。海床基设计主要取决于海床基实现的功能，此外还包括外形尺寸和内部结构，同时还需要考虑适用海域的环境特点、安全保障、加工生产、布放回收、成本和安装等诸多方面。海床基应用主要有两种形式，即独立的坐底式平台和海底观测网络节点。

海床基平台可搭载如下传感器：

①物理海洋观测传感器：水温、盐度、深度、浊度、海流、波浪等。

②物探观测仪器传感器：海底重力仪、磁力仪、地震仪、海啸传感器等。

③生物化学海洋观测传感器：叶绿素、pH 值、CO_2、甲烷、营养盐等。

④其他传感器：视频监控系统等。

目前海床基多搭载物理海洋观测传感器，主要由于物理海洋传感器技术相对成熟、观测数据较稳定。由于搭载传感器、采集器种类和数量的不同，平台的尺寸、形状和重量也不尽相同。通常搭载少量传感器的海床基多用于浅海，结构设计简单、尺寸较小、重量较轻。而搭载十几种甚至上百种传感器的海床基，结构设计复杂、尺寸较大、重量较重。

6.2　工作原理

以在浅海（水深 100 m 以内）工作的具备实时通信能力的海床基为例。在水下集成平台上安装了各种测量仪器和系统工作设备，水下系统用蓄电池供电。各测量仪器在中央控制机的控制下按照预设的时间间隔工作，对海洋环境进行监测，主要监测对象包括海流剖面、水位、盐度、温度等海洋环境要素。监测数据在中央控制机内进行集中存储，并可通过水声通信的方式将最新数据实时传输至水面浮标系统，再由浮标通过卫星通信或无线通信转发至地面站。系统回收时，可在水面船只上发射声学指令遥控水下系统上浮水面，其工作过程如图 6-2 所示。

图 6-2　海床基监测系统工作示意图

6.3 组成

海床基监测系统组成如图 6 - 3 所示，包括声学应答释放器水上机、声通信机接收机、出水报警装置、水下集成安装平台、测量仪器、系统设备等。

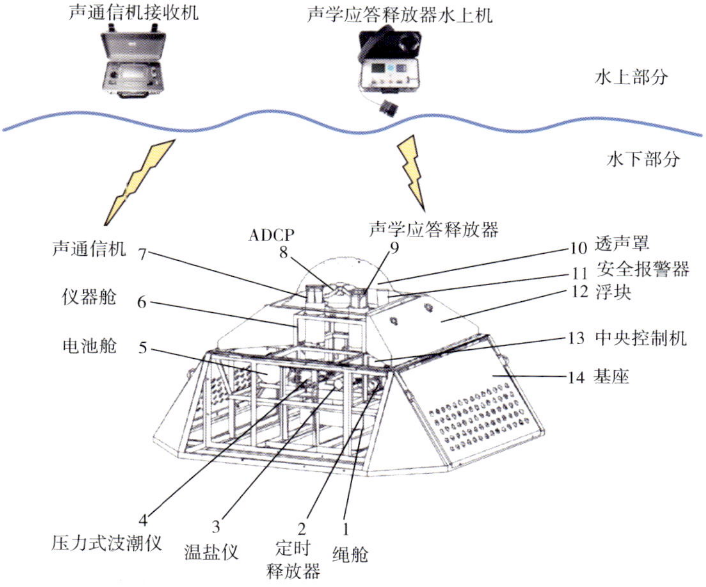

图 6 - 3　海床基监测系统

1. 水上部分

(1)声学应答释放器水上机：在海床基监测系统中，声学应答释放器水上机的作用非常重要，主要用于在系统回收时发射应答和释放控制指令的部件。它可以通过声波信号与海床基等海洋环境监测系统进行通信，实现数据的交换和控制指令的传输。当海床基监测系统需要被回收时，声学应答释放器水上机可以发出声波信号，触发海床基监测系统的应答机制。这种应答机制可以确保监测系统在回收过程中能够被准确识别和定位，从而保证整个回收过程的顺利进行。此外，声学应答释放器水上机还可以通过声波信号传输控制指令。这些指令可以用于调整海床基监测系统的运行参数，例如，改变测量仪器的采样频率、调整系统的工作模式等。通过这种方式，研究人员可以实现对海床基监测系统的远程控制和调整，从而更好地适应不同的观测需求。

(2)声通信机接收机：安装在水面浮标系统上，在接收到水下系统传送的数据后，将数据送入浮标数据采集模块。当水下系统需要向水面发送数据时，它会将数据编码成声波信号，并通过水中的介质进行传输。声通信机接收机在接收到水下系统发送的数据后，会将这些数据进行解码，并将其送入浮标数据采集模块。浮标数据采集模块是一个专门用于数据处理和分析的模块，可以对接收到的数据进行处理、存储和分析，从而为后续的数据应用提供支持。除了传输数据外，声通信机接收机还可以用于控制水下系统的某些操作。例如，可以通过发送特定的控制指令来调整水下系统的测量参数或工作模式。这种远程控制功能使得研究人员可以方便地对水下系统进行操作和管理。

(3)出水报警装置：为了防止海床基监测系统被拖走或破坏，系统配备了出水报警装置。当监测系统检测到出水信号时，会立即触发报警装置，通知管理人员及时采取措施。

2. 水下部分

(1)水下集成安装平台：海床基监测系统的坐底平台结构系统通常由高强度钢或其他材料制成，能够承受海底复杂环境和生物侵蚀。平台结构包括底座、浮力材料和仪器舱等部分，能够稳定地放置在海底。

(2)测量仪器：海床基监测系统集成了多种测量仪器，如温度传感器、盐度传感器、深度传感器、流速传感器等。这些仪器通过电缆或无线通信方式与数据处理单元连接，能够实时传输观测数据。

(3)系统设备：包括中央控制机、声学应答释放器水下机、定时释放器、安全报警(当水下设备上浮水面时，通过手机短信或卫星通信发出警报信息)、电池舱及声通信发射机。如安装配备的声学应答释放器，能够在需要时通过声波信号触发测量仪器的数据采集和传输。这种设计提高了观测数据的及时性和准确性。

(4)辅助设备：海床基监测系统还配备了其他辅助设备，如电池、通信模块、数据处理单元等。这些设备为系统的稳定运行提供了保障。

总之，海床基监测系统通过坐底平台结构系统稳定地放置在海底，集成了多种测量仪器和辅助设备，实现了对海洋水文环境的长期、定点、连续监测。观测数据可以通过电缆或无线通信方式传输到地面数据中心，为渔业、能源开发等领域的实践活动提供重要参考。

6.4 分类

基于海床基的应用水深，海床基可分为浅海型(水深小于200 m)和深海型(水深大于200 m)，其中浅海型又可划分为一般型和防拖网型。

1. 浅海型

浅海型海床基主要应用于水深较浅的海域，通常在近岸区域或者水深小于200 m的区域。这种类型的海床基主要用于观测海洋环境参数，如温度、盐度、流速等，以及进行海底地形地貌的观测。在浅海型海床基中，又可以根据具体应用需求分为一般型和防拖网型。

一般型海床基主要满足基本的海洋环境观测需求，由于没有防护外罩，降低了重量便于布放和回收。如Sea Spider海床基由玻璃钢材料制成，一体结构设计可保证其强度和负荷，可利用浮球进行非潜水回收，三个支腿设计有压载物可布放在不平的海底。

防拖网型海床基则更注重对海底生物和沉积物的观测，以及在观测过程中防止海底生物或沉积物被拖网带走，是浅海海床基发展的主要方向，其针对浅海渔业拖网、流网等网具设计，防止网具将海床基移动，避免对仪器设备安全和数据质量产生较大影响。此类海床基平台设计有防拖网罩，其多为棱台设计和曲面设计。

2. 深海型

深海型海床基主要应用于水深较大的海域，通常在深海平原或水深大于200 m的区域。深海型海床基，搭载传感器较多，材料坚固，可抗高压。由于布放深度较大，通常不需要防拖网功能。如INGV设计的GEOSTAR海床基最大布放深度达4000 m，平台尺寸长3.5 m，宽3.5 m，高3.3 m，空气中重2.5 t，水中重1.4 t，可承受30 kN的深海压力，主要用于观测海洋环境参数，如温度、盐度、流速等，以及进行海底压力变化的观测。

与浅海型海床基类似，深海型海床基也可以根据具体应用需求分为一般型和特殊型。一般型海床基主要满足基本的海洋环境观测需求，而特殊型海床基则可能具有更高级别的观测和分析功能，例如，对海底热液喷口等特殊环境的观测。

6.5 关键技术

海床基平台集声光机电于一体，可放置在近岸数百米水下，工作时间较长。为使该平台不受某一部分的故障而影响整体的工作性能、便于检测和维护，其设计的特点是贯彻模块化设计思想，各单机均为自容式/受控式兼容的仪器设备，可以单独工作也可以集成方式工作。数据的采集以各单机按预置采样程序独立工作和控制工作相结合，便于采集储存需要的信息数据。

6.5.1 水下组合式测量平台集成技术

海床基平台作为多参数海洋测量设备和传感器的载体，将海洋环境自动监测系统布放海底，任务完成后回收平台。为了使测量平台适用于单一参数和多参数测量的需要，水下组合式测量平台集成技术是其关键技术，要求具有多样化和灵活性。按照模块化和系列化的原则进行设计的水下组合式测量平台使用户可以根据需要组合成满意的平台。针对海底不同的地质和海床基通常工作于海底流速较大的河口等特殊环境，平台设计抗倾斜、抗颠覆和防下沉技术是系统水下长期可靠工作的关键技术。测量平台设计为轻便型组合式，可以根据搭载体的大小、多少进行随意组合。如为了在大流速下系统不倾斜和颠覆，平台仪器舱和系统配重支撑架设计为敞开式的，对海流的阻挡进行了化解；此外，在平台配重支撑架和仪器舱之间需设有海流通道。

6.5.2 安全工作和布放回收技术

海床基平台是由敞开式大型仪器舱、声学应答释放器、坐底式配重支撑架、各种仪器和传感器组成。安全保障可靠工作是系统的关键，海床基平台是否能安全投放、可靠工作与顺利回收关系到海床基平台工作的成败，因此，安全工作与回收技术是海床平台的关键技术之一。其中声学应答释放器技术是系统安全可靠回收的保证，它必须有极高的可靠性。耐风暴海洋过程和抗浅海工作环境干扰是释放器的关键，高抗干扰性声学释放器电路是释放器的有效保证，扩大了海床基系统的应用范围。

1. 海床基的布放

海床基布放时通过脱钩装置与布放船只的吊杆连接并吊放至水面以下，然后脱钩使其自由下落海底。这种布放方式简化了海上布放的作业程序，降低了对作业船只和配套设备的要求，有助于提高系统布放的可操作性。系统在布放下落过程中受到重力、浮力以及水阻力的作用。通过仿真计算和试验测试可知，在系统自由下落过程中，下落速度在很短的时间内($t<2$ s)收敛于一个稳定值，约为0.6 m/s。在系统下落过程中受到侧向海流的干扰而发生姿态倾斜时，系统的重浮力会产生一个将其扶正的回复力矩，保障其姿态不会失控。根据系统的结构物理特性和水阻力特性分析，在侧向海流速度为0.5 m/s时，系统结构倾斜角度可控制在15°以内，完全可以安全坐底。

2. 海床基的回收

系统回收时，在水面船只上通过声学应答释放器水上机发出水声遥控释放指令，声学应答释放器水下机收到指令后控制释放机构执行脱钩动作，使仪器舱在浮体带动下上浮水面。系统内预存高强度绳索，其两端分别连接到仪器舱和配重基座。当仪器舱浮出水面时，配重支撑架作为一个重锚将上浮部分锚定，使其不会随海流飘走而丢失。在将仪器舱回收后，可通过连接绳索将配重支撑架一并回收。在意外情况下，若声学释放器不能正常工作而使得水下系统无法收到水面释放指令，可依靠定时释放器在设定的最后时刻控制释放机构脱开，使系统上浮并回收。采用两种控制手段对释放执行机构进行并联控制，有效地提高了系统回收的可靠性。

6.5.3 监测数据处理技术

海床基平台一般搭载有声学悬浮泥沙浓度剖面仪、声光悬浮泥沙粒径谱仪、悬浮泥沙自动采样器、压力式波浪仪、潮位测量仪和海流计等。这些仪器设备的工作周期、工作过程都不一样，要同步获取大风浪情况下的环境和泥沙资料，需要由中央控制处理机统一地管理和处理。对各种不同的设备进行对话、设置、管理和控制是保证测量数据资料能否被高效率得到应用的关键。海床基平台测量的参数中，有的需要进行后定标和数据修正，有的要进行现场实时的快速分析处理和反演，这些测量数据的处理和显示对海洋工程建设、航道疏浚、海港整治、水下管缆铺设、海上安全作业和海洋动力沉积学研究具有重要的作用。

6.5.4 系统能源供给

作为一种离岸工作的坐底式观测系统，无法如水面浮标那样利用太阳能进行能量补充，如果通过海底电缆从陆地上向水下系统供电，则成本较高且在很多情况下难以实现。现实可行的能源供给途径就是系统自身配备足够的储能电池并进行合理的用电管理，以达到系统在水下长期工作的目标。在系统用电管理方面，水下工作仪器在电路设计上尽量选用低功耗器件，对功耗较高的器件则只在必要时供电以减少耗电量。中央控制机根据系统的工作流程在必要时为系统中的用电设备开通电源，其他时间则停止供电，减少仪器的待机功耗。

6.5.5 水下集成平台的设计

水下系统整体结构如图 6－4 所示。其外形呈封闭的梯台状且表面无易勾挂的结构部件。其结构布局总体上可分成上下两部分，由释放机构连接。上部为仪器舱，安装多种传感器和设备，其顶部安装浮体；下部为配重支撑架，配置重物。声通信机、声学海流剖面仪及声学应答释放器等声学仪器和安全预警器安装在仪器舱上部，上覆透声罩防止拖网勾挂并起到保护作用；温盐仪、中央控制机、水位计和两个电池舱安装在仪器舱下部。

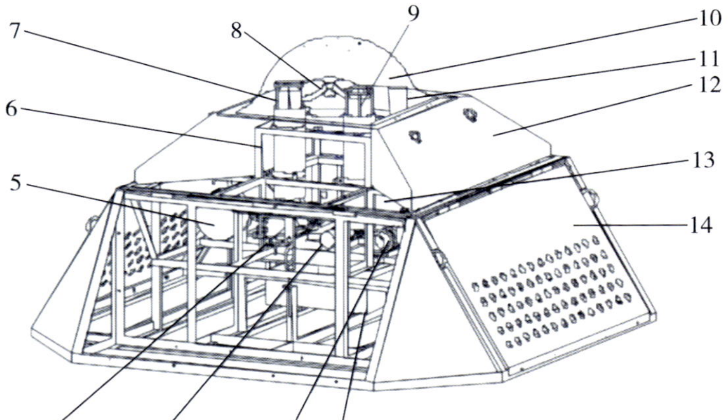

1—绳舱；2—定时释放器；3—温盐仪；4—压力式波潮仪；5—电池舱（2 个）；
6—仪器舱；7—声通信机；8—ADCP；9—声学应答释放器；10—透声罩；11—安全报警器；
12—浮体（4 块）；13—中央控制机；14—基座

图 6－4　海床基观测系统结构示意图

在水下平台的结构设计上采取了防拖网、防掩埋、防倾覆、防腐蚀和污损等安全性和环境适应性措施。①防拖网设计：系统整体外形呈梯台状，底盘较大，

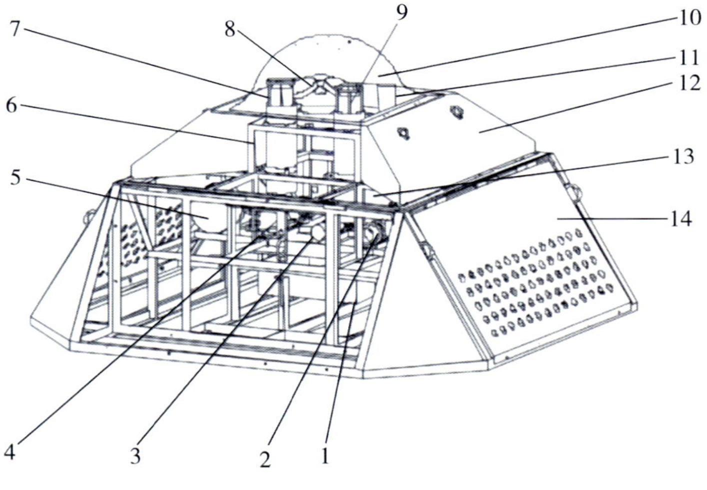

顶部用透声材料制作顶罩。外形结构较为顺滑，无易勾挂的结构，有利于渔船拖网经过时顺利滑过。②防泥沙掩埋：基座底部的配重板起到防沉阻尼板的作用，配重支撑架和仪器舱之间具有较大的空间，作为海流通道。由于系统仪器舱被支撑到一定高度，即使基座部分受到一定程度的掩埋，也不会影响仪器设备的在回收时自动上浮水面。③防倾覆设计：系统的结构布局保证了重浮心配置的合理性，在姿态发生倾斜时会产生较大的回复力矩并保持平稳，使得系统具有良好的抗倾覆性。④防腐蚀和污损：为防止受到海水腐蚀和海生物附着而导致系统结构部件的损毁，系统采取了“三防”处理措施，在结构部件表面涂敷防腐蚀和防生物附着涂料，在不同金属材质的结构件之间采取绝缘隔断，在重要部位安装牺牲阳极。

6.5.6 海底观测网络关键技术

国内需重点突破的海底观测网络关键技术，主要包括以下几个方面：①突破接驳盒及水下湿插拔件的可靠性及深海水下作业技术；②突破远程光电传输及故障隔离与诊断技术；③开发多种可长期工作的水下传感器技术，并发展相应的观测技术；④发展与研究大数据处理与管理技术，保障各部门不同的观测网络观测节点或单元获取的观测数据及水下信息，予以互联与融合应用；⑤建立基于海底观测网络的水下信息链路，突破基于海底通信光电缆的远程海底观测网络技术或水下无线观测网络技术；⑥突破大型海底观测网络的长期运行涉及的维护技术。

6.6 应用现状

海床基技术开始于20世纪末以美国为首的海洋强国。进入21世纪以来，建设海床基观测平台，通过光缆联网供电和传递信息，对海洋水层的物理、化学、生物进行实时和连续的长期观/监测，是海洋科技的重大举措，对海洋环境监测起到革命性推动。对于独立坐底式海床基技术，国外经过近几十年的不断发展，已初步实现了产业化，多个海洋仪器公司和科研机构都设计有各自特色的海床基平台。国内经过863计划、国家科技攻关计划等项目的支持，一些海洋单位也积累了海床基技术。国家海洋技术中心在20世纪90年代末开始进行海床基设计研发，早期设计的海床基平台工作水深只有50 m，系统仪器舱和配重支撑架为敞开式设计；2000年以后设计的海床基工作水深达到了100 m，并采取了防拖网等提高安全性和环境适应性的结构设计技术。

进入21世纪以来，相应的国际和区域海底观测网络技术逐步被开发并予以实施应用。我国海底观测网研究起步较晚，2000年后我国开始尝试在局部海域构建海底观测网络，如“上海海洋环境立体观测和信息服务示范系统”和福建省“台湾海峡及毗邻海域海洋环境实时立体观测系统”。

我国海床基技术的发展趋势主要有：①布放施工便捷化，突破接驳盒及水下湿插拔件的可靠性及深海水下作业技术，以及远程光电传输及故障隔离与诊断技术等问题，实现海床基平台布放的安全、便捷和运行维护便利化。②海底监测长期化，通过突破海下生物附着、化学腐蚀等恶劣环境制约因素以及长期运行所涉及的维护技术，研制出可长期使用的电源供给系统和传感器系统，实现海床基的长期可靠运行。③海床基监测数据通信网络化，发展与研究大数据处理与管理技术，保障各部门不同的网络观测节点或单元获取的观测数据，对水下信息予以互联与融合应用，建立基于海底观测网络的水下信息链路，为海洋网络化监测提供保障。海床基平台的设计研制是一个系统工程，需考虑平台实现的功能及适用海域的环境特点、安全保障、加工生产、布放回收、成本和安装等诸多方面。标准化海床基系统布放回收作业模式，是我国海床基观测平台结构设计和调查应用的发展方向。研究适应不同海域环境和作业条件的海床基平台，加强平台供电通信保障功能，拓展平台监测功能，提高平台应用的稳定性和可靠性。我国海床基平台的设计研制将促进我国海洋环境观测方式从低频、瞬时、静态观测向长期、连续、动态观测跨越。随着海床基平台的广泛应用，预计可大幅提高国内海洋环境监测数据的数量和质量。

(1)东海海底观测网。2009年4月，由同济大学牵头的东海海底观测小衢山试验站正式运作。该试验站拥有双层铠装海底光电复合缆、连接具有不同型号的水密接插头、实现能源自动供给和通信传输的基站特种接驳盒等。光电复合缆通过海洋平台登陆，由平台上的太阳能蓄电池实施不间断能源供应。现场海洋观测数据通过光电复合缆传输到平台后，经CDMA无线网络实时发送到实验室服务器上。在小衢山试验站的基础上，在舟山东部的长江口区域布设观测网络系统。观测系统为环形布设，主要应用于科学研究，以多普勒声学海流仪、浊度仪等形成观测点，通过光纤网络向各个观测点供应能量、收集信息，实时监控海洋信息，记录地震和海啸等数据，监控泥沙的走向等。

(2)三亚南海海底观测网系统。以中国科学院南海海洋研究所牵头的海底观测示范系统布设地址为海南三亚海域，这是我国海底观测网络建设的一次先导性实验。该示范系统主要由岸基站、2 km 长光电缆、基于自主技术的 1 个主接驳盒和 1 个次接驳盒、3 套观测设备、1 个声学网关节点和 3 个观测节点等构成，具有扩展功能，岸基站提供 10 kV 高压直流电，接驳盒布放在 20 m 水深的海底。该系统建设中取得了高压直流输配电技术、水下可插拔连接器应用技术、网络传输与信息融合技术、稳健网络协议、水声通信网与主干网协同机制等技术的突破。

(3)海南陵水海底观测网试验系统。由中国科学院声学研究所牵头的南海海底观测网试验系统布设在海南陵水附近海域，该系统主要用于对南海海底的监控和探测，以及水中目标的监视。目前该海底观测网已经完成 100 km 左右的建设。

(4)摘箬山岛海底观测网络试验平台。由浙江大学牵头的摘箬山岛海底观测网络试验平台主要用于海洋地震监测，是中国地震局的一个监测台站，通过数据并网，发挥更大的地震监测作用。2013 年 8 月，浙江大学在岛北部海域进行了海底观测网络的一期布放，通电运行取得成功。一期布放的主要内容有岸基站、科学仪器插座模块和叶绿素仪、浊度仪、有色可溶解有机物探测仪等传感器。其中，传感器和科学仪器插座模块固定在特制的观测平台上。观测平台布放在海底，通过光电复合缆与岸基站连接，实现电能及信号的传输。岸基站接收和储存从海底传回的观测数据，并通过无线通信将观测数据实时传回实验室。在平台上可进行多种海洋工程科研项目试验，主要包括风浪流测定、水下生产系统安装测试、海底管道与立管安装测试、风光互补试验、锚泊系统试验和海洋岩土工程试验等。

(5)青岛胶州湾海底观测网。由山东省科学院海洋仪器仪表研究所牵头的青岛胶州湾海底观测网突破了海底观测网络架构、节点建设、能源输送、通信与控制等关键技术，并在青岛胶州湾附近海域完成建设，其水下分布式传感网络系统通过光(电)缆与陆地连接，目前已完成了组网试验。

7 自主式水下航行器

7.1 概述

自主式水下航行器(autonomous underwater vehicle，AUV)是一种水下无人航行器，也称自主式水下潜器、无人潜航器。它综合了人工智能和其他先进计算技术，可以携带多种传感器和任务模块，集成了深潜器、传感器、环境效应、计算机软件、能量储存、转换与推进、新材料与新工艺，以及水下智能武器等高精尖科技，具有自主性、隐蔽性、环境适应性、可部署性和高效费比等优点，如图7-1所示。AUV可以执行各种水下任务，如海洋科学研究、资源勘探、海底映射和测绘、环境监测和灾难响应、考古和文化遗产研究、军事和国防等，并且可以根据实际情况进行实时决策和调整。

图7-1 AUV示意图

根据任务类型，AUV 可以分为探测型、侦察型、搜索型、跟踪型、定位型、识别型和攻击型等。根据自主程度，AUV 可以分为预编程型和智能型。预编程型 AUV 按照预先设定的任务计划自主执行任务，而智能型 AUV 则可以根据实际情况进行实时决策和调整。根据 AUV 的重量和载荷不同可把 AUV 划分为微型、迷你型、小型、中型以及大型五类。根据外形不同可将 AUV 划分为典型的流体动力外形(圆柱形、鱼雷形、水滴形、流线形等)、滑翔式、仿生式等。

7.2 组成

AUV 系统通常由载体结构、控制系统、导航系统、能源模块、推进装置、通信系统和任务负载等构成，如图 7－2 所示。

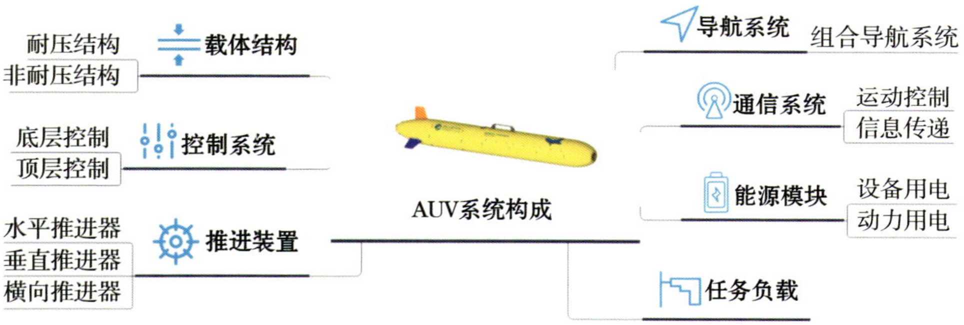

图 7－2　AUV 系统组成示意图

1. 载体结构

AUV 的载体结构是整个系统的支撑框架，它不仅需要具备一定的强度和刚度，以承受水下复杂环境中的压力和冲击，还需要具备良好的防水、防腐蚀等性能。载体结构通常由耐压壳体、浮力材料、压载材料等组成，主要分为耐压形式和非耐压形式。耐压形式是指 AUV 的载体结构能够承受水下的高压环境，并保持 AUV 内部的干燥和安全。这种形式通常由耐压壳体、浮力材料、压载材料等组成，其中耐压壳体是核心结构之一，能够承受水下的高压环境，并保持 AUV 内部的干燥和安全。耐压壳体通常采用金属材料或复合材料制成，具有一定的强度和刚度，同时还需要具备良好的防水和密封性能。非耐压结构是指 AUV 的载体结构不能承受水下的高压环境，而仅用于提供浮力和保持稳定性。这种形式通常由轻质材料制成，如塑料、泡沫等，以实现 AUV 的轻量化和小型化。非耐压形式通常适用于浅水环境和短时间的水下任务，如探测、观察等。

2. 控制系统

AUV 的控制系统是其自主性的核心，也是其区别于其他水下机器人(如 ROV)的重要体现。控制系统涉及整个装置的运动控制、路径规划、水下避碰、故障诊断、作业管理、数据分析、应急处理等，使 AUV 具有较高的自主性。

控制系统可以分为底层控制和顶层控制两个层次。底层控制是指对 AUV 运动状态的控制和传感器信号的初级处理，包括对 AUV 的航向、速度、深度等运动参数的控制，以及对传感器数据的初步处理和解析。底层控制通常由一系列的电子设备、计算机硬件和软件组成，用于接收来自传感器的数据，并通过控制算法对 AUV 的运动进行实时调控。顶层控制用于执行任务规划和行动规划，是 AUV 控制系统的战略决策层。顶层控制主要负责接收任务指令，并根据任务指令和环境信息进行任务规划和行动规划，确定 AUV 的航行路径、探测任务、避碰策略等。顶层控制还需要对底层控制进行监督和调整，以确保 AUV 能够按照任务规划和行动规划进行航行和探测。

3. 导航系统

导航系统主要为 AUV 提供位置、航向、深度、速度和姿态等信息，从而保障 AUV 的航行和作业安全。导航系统主要包括惯导系统、多普勒声呐计程仪、陀螺罗经、温盐深传感器、水声定位系统等。其中惯导系统利用惯性测量单元(IMU)来测量 AUV 的加速度和角速度，从而计算出 AUV 的位置、速度和姿态等信息；多普勒声呐计程仪通过测量声波在水下的传播速度和回波时间来计算 AUV 与目标物之间的距离和航速；陀螺罗经利用陀螺仪原理测量航向，具有精度高、稳定性好等优点；温盐深传感器用于测量水下温度、盐度和深度等水下环境参数；水声定位系统利用声波在水中的传播特性来测定 AUV 的位置。

综上所述，导航设备能够为 AUV 提供精确的水下航行信息，为 AUV 的水下航行提供指引和参数修正。

4. 能源模块

能源模块为 AUV 提供电能，满足其水下连续航行和工作的能源需要。AUV 用电可分为设备用电和动力用电两个部分，设备用电是指 AUV 上各种电子设备所需的电能，如传感器、控制系统、通信设备等。动力用电则是指 AUV 推进器等运动部件所需的电能，为 AUV 提供水下航行的动力。大多数 AUV 采用电池供电，包括蓄电池、燃料电池和太阳能电池等。AUV 的能源供给方案不仅需要考虑电池的体积、重量、能量密度以及水下使用过程中的安全性等因素，也要考虑电池的充电和管理问题。当前，蓄电池是一种能够提供稳定、可靠电能的电源，具有使用方便、寿命长等优点，但同时也存在体积较大、重量较重的问题。燃料电池则具有高能量密度、低噪音等优点，但同时也需要定期更换燃料。太阳能电池则可以利用太阳能为 AUV 提供电能，但同时也存在受水下环境影响较大、充电速度较慢等问题。早期的 AUV 采用银锌电池和铅酸电池，但随着技术的不断发展和电池性能的不断提高，目前水下 AUV 系统以使用锂电池供电为主。

5. 推进装置

推进装置是 AUV 的重要部分，用于产生推进力，使 AUV 能够在水中移动。根据结构的不同，推进装置可以分为普通螺旋桨、导管螺旋桨和泵喷推进器。普通螺旋桨是最常用的推进装置之一，它由电动机或发动机驱动，通过旋转产生推进力。螺旋桨的形状和尺寸可以根据 AUV 的任务需求和性能要求进行选择。导管螺旋桨是一种将螺旋桨安装在一个导管中的推进装置。导管可以为螺旋桨提供保护，并减少水流对螺旋桨的干扰，从而提高推进效率。泵喷推进器是一种利用泵和喷嘴将水流吸入并加速喷出的推进装置。它具有较高的推进效率和良好的操控性能，通常用于高速和灵活的 AUV。推进器的种类和数量取决于 AUV 的使命要求，大型 AUV 多采用多组推进器布置方式，包括水平推进器、垂直推进器和横向推进器。

6. 通信系统

通信系统的主要功能是保持 AUV 与指挥中心(母船或者岸基中心)的信息交互，保证指挥中心对 AUV 的有效控制，完成自身信息、目标信息和环境信息的传递。主要采用水声通信、卫星通信、短波和超短波无线通信、光缆通信等模式，建立自身与指挥中心的双向信道。

7. 任务负载

AUV 可以通过布置不同的功能模块来完成水下特定任务。这些功能模块包括侦查设备、探测设备、作业机械臂等装置。侦查设备可以帮助 AUV 感知周围环境，获取有关目标的信息，其主要构成包括视频摄像头、红外摄像头、声呐等。通过这些设备，AUV 可以获取目标的图像、位置、距离等信息，为后续的决策和行动提供支持。探测设备则可以帮助 AUV 探测水下的地形、水文等情况，以便更好地了解周围环境，其主要构成包括深度传感器、水温传感器、盐度传感器等。通过这些设备，AUV 可以获取水下的地形、水温、盐度等信息，为航行和作业提供参考。作业机械臂是 AUV 的重要功能模块之一，它可以完成水下的各种作业任务。例如，AUV 可以通过机械臂抓取样本、放置标记物、进行水下维修等。这些作业任务需要 AUV 具备高精度的机械臂和控制算法，以保证作业的准确性和安全性。

除了以上功能模块，AUV 还可以搭载信息对抗装备、鱼雷武器及发射设备等来完成水下作战任务。信息对抗装备可以帮助 AUV 干扰和破坏敌方通信、导航等系统，从而降低敌方的作战能力。鱼雷武器及发射设备则可以让 AUV 攻击敌方舰艇、海岸线等目标，从而对敌方造成威胁。AUV 可以通过布置不同的功能模块来完成各种水下任务，也可以根据任务需求进行选择和组合，以满足 AUV 在水下的各种任务需求。

7.3 关键技术

7.3.1 AUV 总体多学科优化设计

AUV 是典型的复杂机电系统，其总体设计涉及外形、结构、能源、推进、布局、控制等多个模块。传统的串行设计需要对 AUV 的总体系统反复迭代，导致其研制周期长、成本高。而多学科优化设计方法通过充分探索和利用协同机制来处理子系统间的耦合关系，可以在短时间内获取系统最优方案，缩短设计周期、降低研发成本，目前在航天、航空、航海等领域已得到广泛应用。在利用 MOD 方法开展 AUV 的总体设计时，需要构建各子学科模型，梳理学科关系，预报系统性能，最终获得系统的全局最优解。具体的关键技术有参数化建模技术、代理模型预测技术、数据驱动的多学科优化设计技术。

7.3.1.1 参数化建模技术

在回转体 AUV 的总体设计中，各个学科模型都积累了大量的设计经验，实现了基于数学公式的多学科优化设计应用。但随着 AUV 任务需求的变化，出现了大量非回转体新概念 AUV，如美国的 Manta、英国的 Tailsman、日本的 URASHIMA(图 7－3)等，原有的经验公式已不再适用于新概念 AUV。因此，亟需发展基于模型的 AUV 多学科优化设计方法，利用参数化建模技术实现几何模型的迭代更新和系统性能的快速响应。

(a) Manta　　(b) Tailsman　　(c) URASHIMA

图 7-3　非回转体 AUV

目前较为成熟的三维几何参数化方法可以分为两类：一类为定义法，即基于外形各部分的物理意义定义特征参数，实现几何建模；另一类为扰动法，具有代表性的为自由变形(FFD)方法，即通过对离散模型进行扰动来实现模型的变形。这两类方法均已应用于 AUV 的外形设计。图 7-4 所示为基于 Bezier 曲线的外形参数化和基于 FFD 的复杂外形参数化。图 7-4(a)中：$C_1 \sim C_{10}$ 为 Bezier 曲线的控制点，$D_1 \sim D_9$ 为控制点的坐标差；图 7-4(b)中红色点为机体部分的 FFD 控制点，蓝色点为机翼部分的 FFD 控制点。

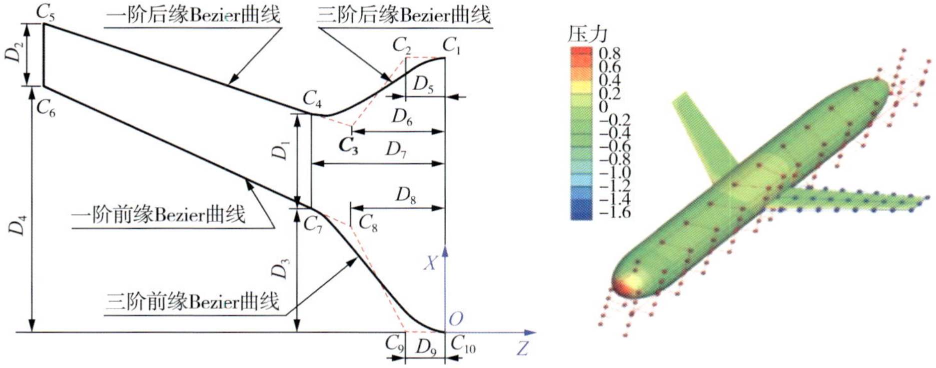

(a) Bezier曲线在翼身融合水下滑翔机上的应用　　(b) FFD方法在Slocum滑翔机上的应用

图 7-4　三维几何参数化方法

随着 AUV 总体设计研究的不断深入，未来参数化建模技术将趋于更加智能化的方向。例如，基于深度学习的参数化方法是利用卷积神经网络(CNN)、生成对抗网络(GAN)和深度神经网络(DNN)等架构，将复杂的几何模型转化到一个特殊的潜空间中，然后通过人工智能强大的学习能力来解析模型在潜空间中具有的低维流形特征，实现对几何模型的局部定向控制，同时，还可通过数据库学习获取一种符合设计准则的最佳方案。

7.3.1.2 代理模型预测技术

系统性能预报是 AUV 总体设计的重要环节，决定着 AUV 总体设计的成效。随着计算机性能的提高，高精度仿真分析可以代替真实的试验来预报 AUV 的性能，但同时也会产生巨大的计算代价。采用代理模型预测技术，可以利用已有数据建立代理模型来进行高精度的仿真计算，能在满足计算精度的同时降低计算量。常用的代理模型包括径向基函数(RBF)模型、Kriging 模型等。

在 AUV 单学科设计优化中，代理模型技术已得到广泛应用，如水动力外形设计优化、螺旋桨设计优化等。然而，AUV 的总体优化属系统级的多学科优化问题，存在变量空间维度高、非线性强等特点，致使利用代理模型预测 AUV 的系统性能面临着挑战。

如何提高系统性能预报的精度是 AUV 总体设计需要发展的关键技术。针对 AUV 总体设计问题的高维、非线性特点，可以开展高维代理模型 $f(x)$ 研究，即利用降维方法实现高维空间至低维空间的映射，降低高维建模难度，提升代理模型的高维表征能力。例如，现有的 HDMR-RBF 方法(图 7-5)就是将高维目标函数展开为多个独立的子项，通过逐项构建 RBF 代理模型来实现高维问题的有效处理；高维 Kriging 方法利用主成分分析法减少超参数的个数，增强了 Kriging 的高维适用性。针对 AUV 总体设计中存在的多保真度信息，可以开展多保真度建模研究，以最大程度地挖掘样本数据信息，提高多保真度模型的精度及泛化能力。例如，分层 Kriging 方法通过对全局趋势模型引入低可信度分析的影响，实现了变可信度代理模型的构建。

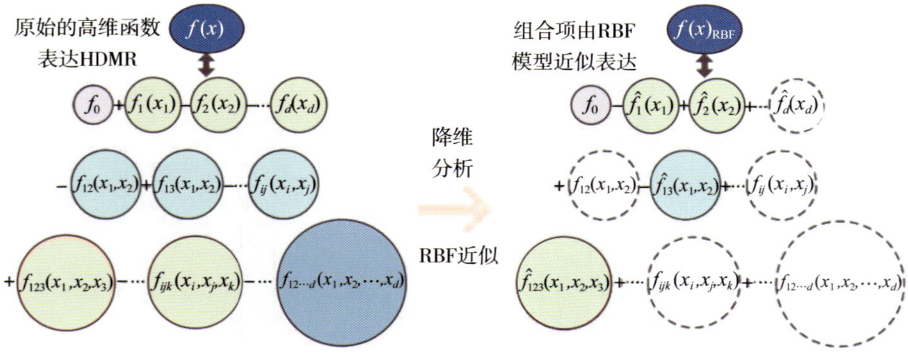

图 7-5　高维代理模型预测技术 HDMR-RBF 方法

7.3.1.3 数据驱动的多学科优化设计技术

国内外已经开展了基于经验公式快速预报系统性能的回转体 AUV 多学科优化设计工作。但随着 AUV 尺寸与约束的放开，其形态更加多样化，总体性能评估愈加困难，需要进行子学科之间的协同仿真，如外形计算流体力学（CFD）仿真、结构有限元法仿真等，带来了昂贵的计算代价。

针对该问题，通常的做法是构造静态代理模型以替代原仿真来开展多学科优化设计。但是由于代理模型不再更新，其预测精度非常依赖初始样本，故难以获得真实的最优解。同时，对于新概念 AUV，其总体设计常具有变量空间维度高、变量类型不同（离散变量、连续变量）、目标或约束条件复杂等特点。如果直接对总体系统的目标或约束函数构造代理模型，其预测精度将会进一步下降。此外，在进行多学科协同仿真时，因各子学科的仿真模型不同，数据类型不一，目标或约束仿真耗时程度存在差异，导致系统性能评估存在并行资源浪费、信息交换与数据管理困难等问题。

因此，需要发展数据驱动的多学科优化设计技术，即利用已有样本数据构建面向复杂系统的代理模型，探索和挖掘有用信息，动态更新代理模型以提高预测精度，不断迭代优化获得系统最优解。同时，多学科优化设计需采用并行实施框架，以合理地开展计算资源分配，促进系统仿真的并行实施，科学管理仿真数据，从而缩短设计优化周期，加速总体设计进度。如图 7－6 所示，数据驱动的翼身融合了水下滑翔机多学科优化设计，通过建立多学科参数化模型，开展 CFD、有限元分析（FEA）、动力学等仿真分析，实现给定样本输入 $S_i=\{x_1^{(i)}, x_2^{(i)}, \dots, x_n^{(i)}\}$ 后，得到了对应的升阻比、结构强度等优化目标 $Y_i=\{y_1^{(i)}, y_2^{(i)}, \cdots, y_m^{(i)}\}$ 及操纵性、布局干涉等约束 $c_i=\{c_1^{(i)}, c_2^{(i)}, \cdots, c_n^{(i)}\}$ 的求解。经目标函数值、约束值重构后，不断进行优化迭代，实现了对多学科最优解的获取。

图 7－6 中：f^* 为最优目标函数值；X^* 为最优设计变量值；$\hat{y}_i$ 为合成第 i 个仿真单元对应的预测目标函数值；$\hat{f}_{(X)}$ 为预测目标函数值；$\hat{g}_i$ 为合成第 i 个仿真单元对应的预测约束函数值；$\boldsymbol{F}$ 为重构矩阵。具体地，对优化目标、约束的求解可以由图 7－7 所示的技术路线进行，通过对所需性能指标 y_m 按仿真耗时度划分计算资源，可实现不同耗时单元的统一协调，从而进一步提高系统仿真速度，实现优化迭代效率的进一步提升。

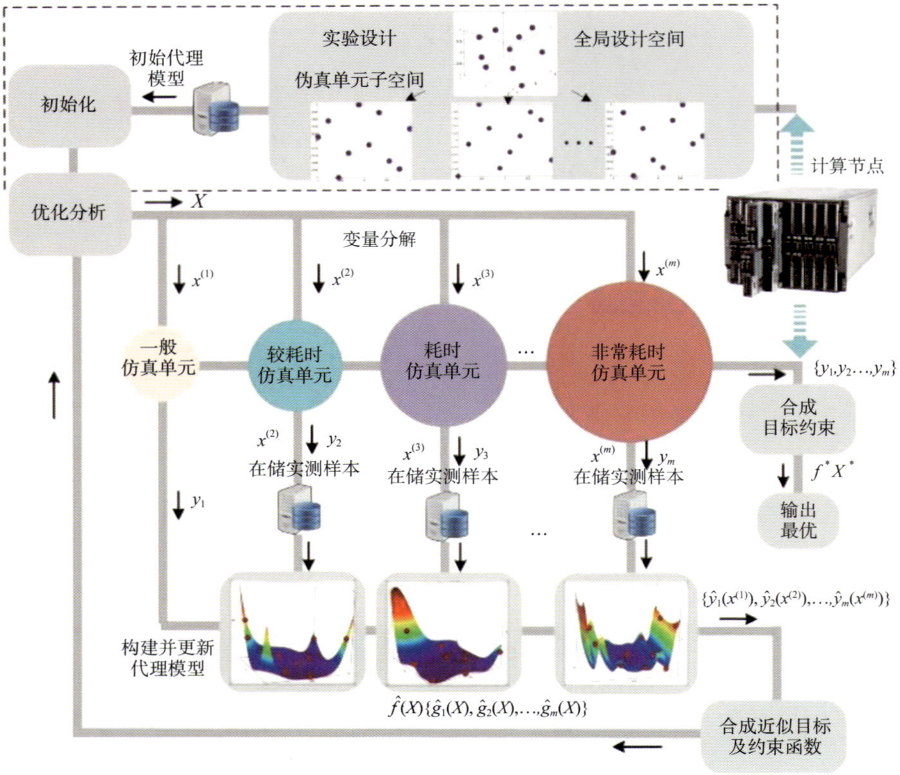

图 7-6　数据驱动的多学科优化设计：以翼身融合水下滑翔机为例

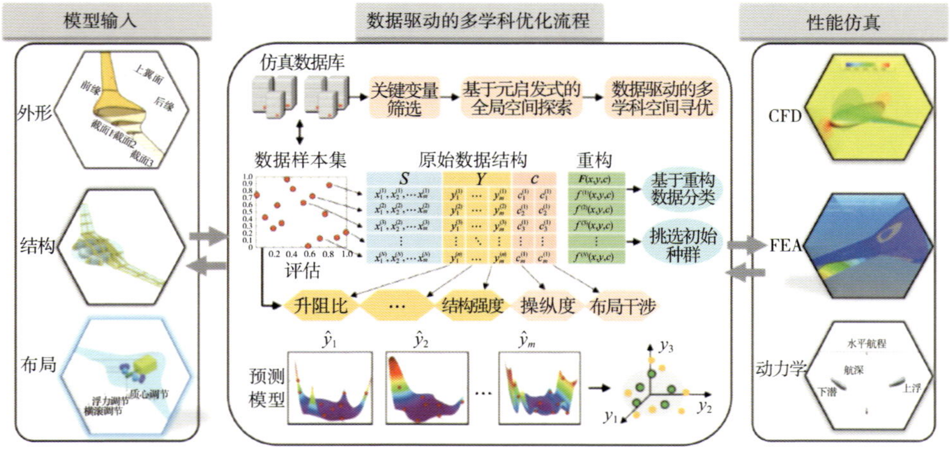

图 7-7　耗时仿真系统优化流程示意图

7.3.2 AUV 结构与材料设计技术

AUV 结构是总体的一个重要组成部分，其功能是把 AUV 上的各系统组成一个有机的整体，为各系统提供安全、可靠的工作环境，为航行器内部各设备提供安装空间并承受外部环境载荷，以保证航行器的完整性和有效性，并满足总体性能要求。AUV 的结构形式可以分为整体耐压结构、透水式框架结构、整体耐压舱和透水式框架复合结构。其中，透水式框架结构不承受静水压力，主要由外部蒙皮、内部框架、浮力材料等组成，其耐压壳体被包围在透水式框架内部。AUV 在水下工作时，其结构需要承受巨大的静水压力(与工作深度成正比)，在静水压力载荷下，AUV 的结构会发生变形，若结构不合理，可能会造成 AUV 结构发生稳定性失效(屈曲)、强度失效，或因变形过大导致的密封失效。AUV 结构是其核心设备的保护体，一旦结构出现失效，出现舱室进水，将会导致其内部的电子仪器、电池、设备等短路失控，甚至会发生 AUV 沉底丢失的严重事故。因此，AUV 的材料、结构设计及制造技术对于 AUV 安全可靠工作十分关键。随着当前 AUV 向大潜深、长航程和大负载方向发展，AUV 结构的关键技术包括结构轻量化设计技术、结构多目标优化设计技术、新材料结构加工工艺技术等。

AUV 耐压结构的设计首先是材料的选择。可用的 AUV 壳体材料包括高强度钢、铝合金、钛合金以及新型复合材料(如碳纤维复合材料、玻璃纤维复合材料、陶瓷基复合材料等)。如何在给定的工作深度下选择合适的轻质、高强、耐腐蚀材料设计出重量轻、承载力大、安全可靠性高的 AUV 壳体结构是当前的难点。如图 7-8 所示，不同材料制成的 AUV 壳体结构极限工作深度与重浮比(AUV 壳

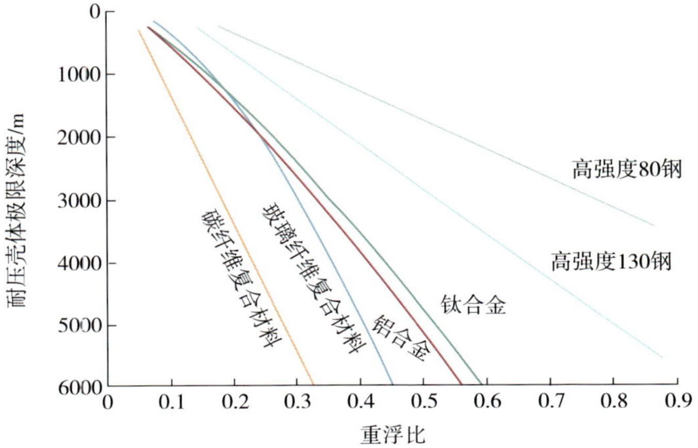

图 7-8 不同材料制成 AUV 壳体结构极限工作深度

体重量与其排开水的重量之比）关系曲线。从中可见，当工作深度大于 1000 m 时，采用碳纤维复合材料制成的 AUV 的壳体结构具有最小的重浮比，但该材料的结构失效形式复杂，如何根据给定的尺度确定铺层角度、铺层顺序、铺层数、肋骨间距、肋骨截面、肋骨参数等，以使 AUV 壳体结构稳定性失效压力与各个方向强度失效压力的最小值最大是设计的难题。

针对碳纤维复合材料的 AUV 壳体进行研究，提出了复合材料壳体结构的稳定性失效和强度失效竞争机制，并采用多目标优化算法优化了加肋复合材料壳体，结果表明，相比铝合金和钛合金材料，在同等条件下使用碳纤维复合材料能够减重 30%～45%，并已通过试验验证。陶瓷基复合材料的密度虽然不是最小（3.2～3.4 g/cm^3），但由于其具有非常高的压缩模量和压缩强度，使得由其制成的 AUV 耐压壳体具有非常高的承压能力，陶瓷复合材料与金属材料参数对比如图 7－9 所示。从理论上讲，使用陶瓷基复合材料制成的 AUV 其耐压结构具有更小的重浮比，但受目前工艺水平的限制，还无法用其制造出壁厚小于 7 mm 且性能稳定、安全可靠的 AUV 耐压结构。因此，在 AUV 工作水深较小时，陶瓷基复合材料的优势并不明显，但在超深水（水深大于6000 m）条件下，使用陶瓷基复合材料制备的 AUV 耐压壳体具有非常明显的优势。

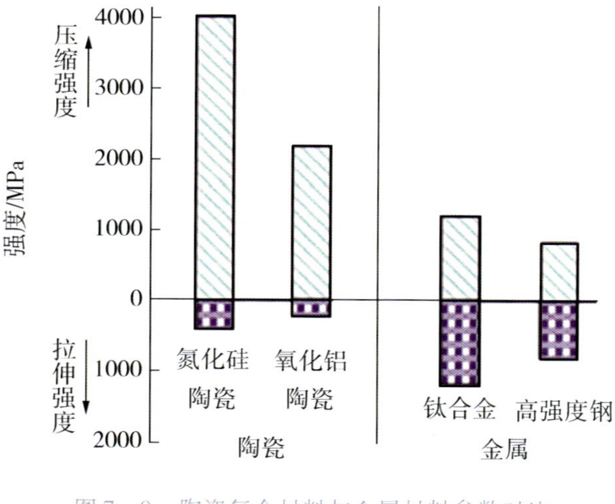

图 7－9　陶瓷复合材料与金属材料参数对比

2020 年，西北工业大学联合中国科学院上海硅酸盐研究所解决了陶瓷基复合材料与钛合金连接环的连接问题，并研制出了可下潜至 6000 m 水深的 AUV 陶瓷耐压壳体（图 7－10），其直径为 200 mm，壁厚仅 8 mm，承压性能大于 80 MPa，并已通过试验验证。

图 7－10　陶瓷耐压壳体

近年来，在 AUV 壳体结构形式方面，有研究人员提出了一些新概念的结构，对于 AUV 结构的轻量化和提高 AUV 的负载具有重要的指导意义。Rahimi 等提出了“格栅＋中空加肋”的结构形式（图 7－11），该结构能显著减轻壳体结构重量并具有较好的承载能力。何衍儒和宋保维等针对翼身融合水下航行器提出了一种多泡耐压壳体结构形式，并对其进行了优化设计，如图 7－12 所示。

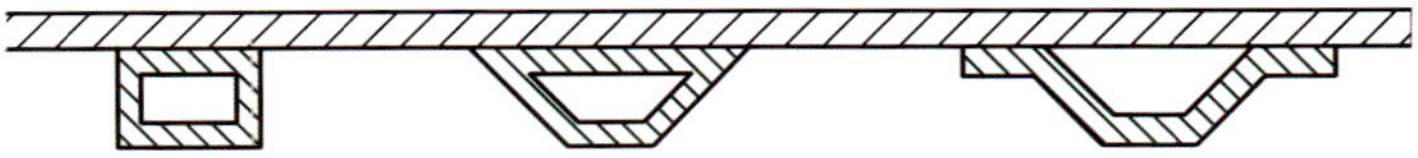

图 7－11　中空矩形、梯形肋骨

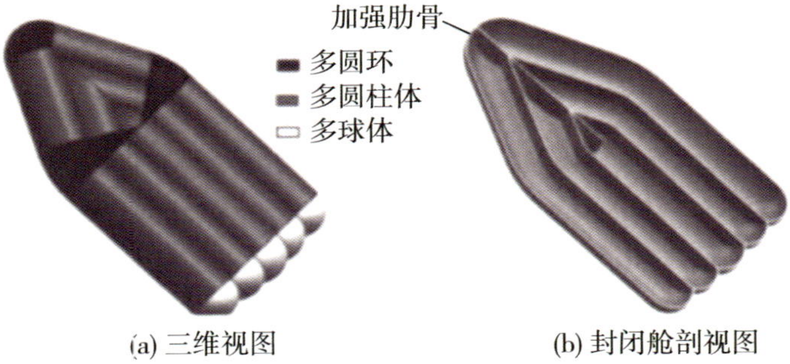

图 7－12　陶瓷耐压壳体

未来，在 AUV 结构方面，新型复合材料（碳纤维复合材料、玻璃纤维复合材料、陶瓷基复合材料）结构的设计和制造、新概念 AUV 的结构形式及应用将是 AUV 耐压结构材料的发展趋势。

7.3.3 AUV 动力与推进技术

动力推进系统是 AUV 的"心脏"，通常由能源、电机、发动机、推进器等部件组成。当前，AUV 的动力推进系统主要以电动力为主，通过电池驱动电机来为 AUV 航行提供动力。为适应深远海的应用需求，AUV 正朝着远航程、大潜深、低噪音的方向发展。因此，提升能量密度、克服海水背压、拓宽航速范围、降低航行噪音等成为 AUV 动力推进技术的发展方向。

7.3.3.1 AUV 能源供给与管控技术

目前，AUV 的能源供给主要以锂电池为主，需要提升 AUV 锂电池的设计及管控技术。在电池本体设计方面，针对大潜深环境下的承压电池应用，因高静水压而导致其性能劣化的内在机理研究尚处于初期阶段，因而需采用多种先进的微观表征技术手段予以明晰。在电池成组设计方面，发展集承载—散热—供能于一体的动力舱段设计方法，对提升航行器的航程和安全具有重要意义。在电池组安全管控方面，通过电池组高精度状态监测与故障诊断、电路均衡与拓扑重构等技术来提高电池组的使用安全性与可靠性。

为提高 AUV 的续航能力，基于燃料电池和锂离子电池的混合能源技术是当前研究的热点。混合能源系统兼顾了燃料电池的高能量密度和锂离子电池的高放电功率，但因系统存在强非线性特性，需要建立完善的混合系统动态调控模型，从而提高混合动力控制技术的收敛性与鲁棒性。此外，水下无线充电技术是提高 AUV 续航能力的另一项新兴技术，AUV 按需自主返回水下基站进行电能补充和数据交换，可以极大地提高续航能力(图 7－13)。目前，水下无线充电功率和效率已能够满足小型 AUV 的能源补给需求，未来，需重点解决海洋环境适应性、电磁兼容性等工程应用问题。

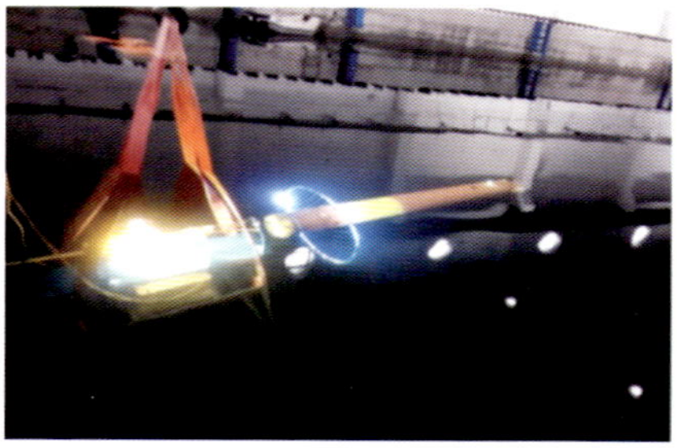

(a) 回收笼式充电基站

(b) 平面式充电基站

图 7－13　西北工业大学研制的水下非接触式充电装置(回转体式和开架式)

7.3.3.2 高比特性推进电机技术

AUV 推进电机面临着空间密闭受限以及多速制机动的严苛使用环境，对功率密度和高效率范围有着较高的要求。在高功率密度推进电机技术方面，采用分数槽集中绕组或发卡式扁线绕组，通过结合磁路优化设计，可减少耗材，提高功率密度和材料利用率。为进一步提高水下推进电机的功率密度，需重点解决散热问题，喷油、甩油等油冷技术是较为先进的直接冷却技术，如图 7－14 所示。然而，考虑到 AUV 壳外即为海水，可开发更加简单、高效的间接冷却技术，如机壳水冷、海水冷却等，以满足电机高功率密度的散热需求。

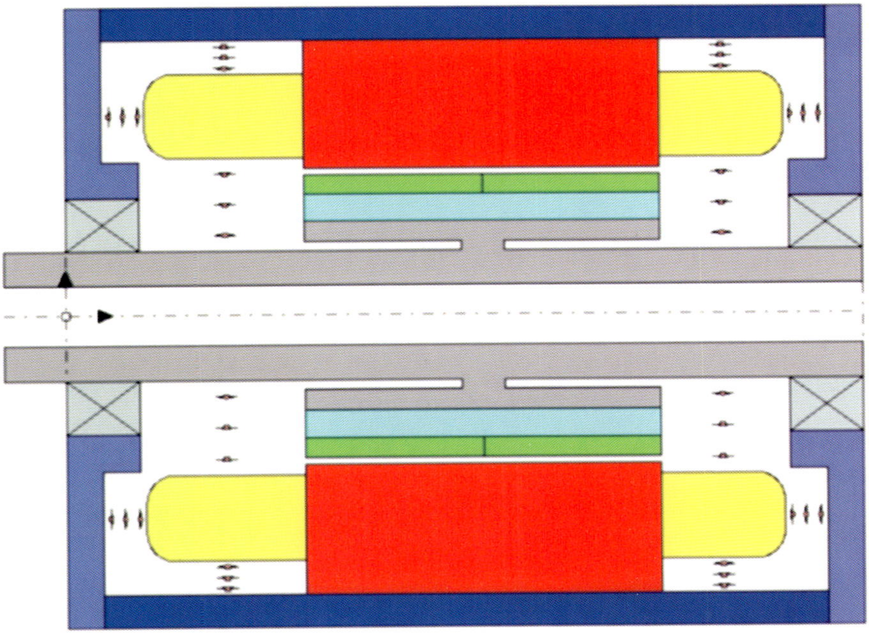

图 7－14　喷油冷却电机方案示意

在扩大推进电机高效率范围技术方面，采用优选极槽配比、优化电枢绕组、合理设计磁路结构等方法，可扩大电机高效率区间并向特定工作点移动，如图 7－15 所示，从而使水下推进电机在高、低功率状态下均具备较高的效率。

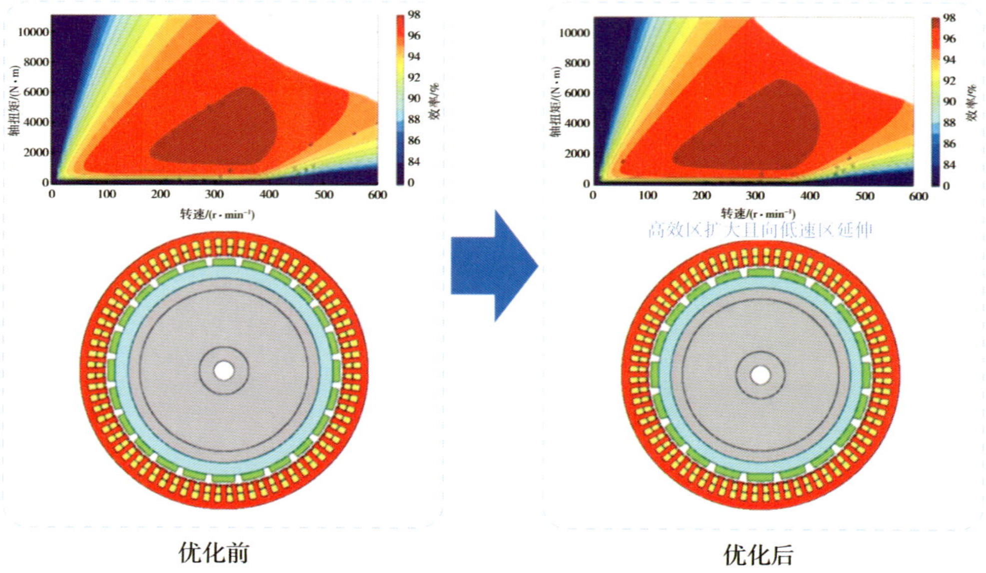

图 7-15　大功率跨度推进电机效率优化效果对比

7.3.3.3　低噪声高机动推进器设计技术

推进器是实现 AUV 高效机动航行的重要部件，也是 AUV 自噪声的主要来源之一。为了提高 AUV 的机动性和降低噪声特性，国内外在新型推进方式和推进器优化两方面开展了大量工作，包括泵喷推进、滑翔推进和仿生推进等。泵喷推进是通过将泵喷推进的转子置于导管内，以延迟并减少空化的产生，改善推进器噪声性能，而无轴泵喷推进由于能够更加有效地降低空泡噪声和气蚀的影响，成为泵喷推进的重要研究方向。滑翔推进以水下滑翔机为代表，其工作原理是将水翼所产生的升力转化为推动其向前的动力，并由其内部调节装置来调整运动姿态，相比螺旋桨，滑翔推进的噪声得以大幅减小。仿生推进是使用传统的机械结构或者智能材料来模拟海洋生物的游动，通过协同推进、柔性推进来使其具备高机动、低噪声的优势，从而更好地完成探测任务。西北工业大学自主研发的仿蝠鲼潜水器由于其低噪隐蔽的特性，能够在海洋牧场中和鱼群混游，监视海洋牧场鱼群的健康状态。

AUV 的动力与推进技术的发展需紧密结合平台的功能需求，低噪声和高机动性仍是其发展的长期趋势。同时，还应关注人工智能技术的应用，基于实时状态监测与智能管控手段，实现动力与推进系统的组部件协调、配合和智能化调度，这有利于提升 AUV 的整体静谧性和机动性水平。在能源技术方面，耐压电池、混合能源、无线充电等技术已得到初步发展，未来，需重点解决使用安全性和环境适应性的问题，基于环境能源的发电技术也是一个重要的发展方向。在电机技术方面，结合近年来在增材制造技术方面的突破，有望通过增材制造技术实现航行器动力推进舱段的一体化加工，从而进一步提升能量密度和功率密度。在推进器设计方面，仿生推进具有高机动、低噪声的优势，需重点突破仿生推进流动控制机理、高效推进控制、群游节能机制等关键技术。

7.3.4 AUV 导航与定位技术

导航与定位系统是 AUV 的“眼睛”，可为 AUV 提供准确的位置、速度和姿态信息，是决定 AUV 能否到达预定地点、能否成功完成任务并返航的关键。同时，也是 AUV 开展水下探测、海域搜索、海底绘图、协同反潜等任务的基础。为适应深远海应用的需求，AUV 导航与定位系统正朝着无人自主导航、长航时可靠工作、高精度定位、实时准确提供导航信息、小体积和低功耗等方面发展。

与陆地或空中运载体的导航系统不同，受水介质对无线电波的强烈吸收效应的影响，以卫星导航为代表的无线电导航系统无法在水下使用。因此，合理配备水下导航设备及灵活应用各类水下导航技术是实现 AUV 自主导航的关键。常见合理配备水下导航设备及灵活应用各类水下导航技术是实现 AUV 自主导航的关键，表 7－1 为常见 AUV 导航技术。常见的水下导航技术主要包括捷联惯性导航技术、水下声学定位与导航技术、地球物理导航技术及水下协同导航技术四大类。捷联惯性导航系统（strap-down inertial navigation system，SINS）以其自主性、连续性、隐蔽性等特点，常作为 AUV 的主导航系统，但其误差随时间累积。水下声学测速与定位技术又可分为多普勒速度计程仪（doppler velocity log，DVL）与水声定位系统两类。DVL 是基于声呐多普勒效应的测速设备，测得载体相对于海底或海水层的速度，能提供较高精度的载体速度信息，且其误差不随时间积累，但容易出现对地失锁现象。水声定位系统按照水声基阵的基线长度分类可分为长基线(long base line，LBL)、短基线(short base line，SBL)和超短基线(ultra-short base line，USBL)三种，可为 AUV 提供位置信息。这三种基线系统的布放及回收复杂度、体积尺寸、定位精度等各不相同，比如 LBL 水声基阵布放、回收工作烦琐，SBL 和 USBL 的作用范围和精度均有限。地球物理导航系统是利用地球本身物理特征进行导航的技术，以地形匹配、地磁匹配和重力匹配三类为主，具有自主性强、隐蔽性好、不受地域和时间限制等特点，但需要提前采集、建立相应的导航数据库。协同导航通过获得辅助信标的相对距离或方位信息，然后根据 AUV 自身位置信息与相对距离或方位信息进行协同导航，可获得更高的导航定位精度。

水下环境复杂多变，AUV 在不同的工作环境下需要不同的组合导航方法。在浅海域中，SINS/DVL 组合导航系统和 SINS/USBL 组合导航系统可以完成高精度导航任务。在数据库(地磁、地形、重力)范围之内，利用地球物理特性作为辅助导航的组合导航系统可以通过测量数据与数据库快速匹配来在全部海域实现导航定位。多 AUV 通过共享方位和位置等信息进行协同导航，有效抑制了水下导航误差发散的问题。同样，面对复杂多变的水下环境，AUV 在选择不同的组合导航方法时也面临了各种问题，给科研工作带来了巨大挑战。声呐的导航定位方法难免会受到水声多径效应、声速时变等因素的影响。水下洋流、潮汐等效应会对 AUV 的稳定性造成扰动，这都会导致水下噪声的时变和不确定性，以及建模误差较大和量测野值等现象。因此，如何综合利用多种海洋信息，抵消或者降低海洋特殊水下环境所导致的影响，将是进一步提高 AUV 自主导航定位精度的重要研究方向。综上可知，未来研究方向主要有：①辅助导航信息融合时，改善匹配算法的快速性和准确性；②利用地球物理特性作为辅助导航时，数据库的构建方法；③在保持导航精度的前提下，降低导航成本；④在军事领域中，提高 AUV 的隐蔽性。随着处理器制造技术和制作工艺的发展，计算能力与日俱增，这使得 AUV 以惯性导航为主，以 DVL、水声定位系统、地形辅助导航、地磁辅助导航以及重力辅助导航等多种导航手段为辅助的组合导航系统的实现成为可能。

表 7－1　常见 AUV 导航技术

组合导航方法		关键技术	适用范围	特点	发展趋势
SINS/DVL 组合导航系统		● 数据融合技术 ● 异步信息融合技术 ● 标定技术 ● DVL 数据失效处理 ● 故障检测技术	浅海地区，有效射程为 500 m	● 能提供较高精度的载体速度信息，且其误差不随时间积累，抗干扰能力强 ● 隐蔽性差 ● 超出有效射程，DVL 输出对洋流速度精度下降	● 改进 SINS/DVL 组合导航精度和可靠性
SINS/水声定位组合导航系统	SINS/LBL	—	大面积作业区域	● 定位精度高，作业范围广 ● 基阵投放、回收工作量大 ● 校准过程繁琐，数据率低	
SINS/水声定位组合导航系统	SINS/SBL	—	母船附近的 AUV 导航定位	● 精度介于 LBL 与 USBL 之间，不需安装误差校准 ● 基元固定，受船体影响大	● 超短基线体积尺寸最小，布放、回收极为便捷，受到越来越广泛的关注和应用 ● 提高 USBL 的定位精度
SINS/水声定位组合导航系统	SINS/USBL	● 声线修正 ● 姿态标定 ● 与高精度方法组合 ● 定位原理改进	低成本小型航行器	● 体积小，方便安装、回收 ● 作用距离小、精度低、校准工作量大	
地磁辅助导航		● 高性能磁力计及误差补偿 ● 地磁图构建 ● 地磁匹配算法 ● 适配性研究	全海域，航程受限于磁基准图的范围	● 地磁信息频率低，随空间变化量小 ● 全地域、全天候，导航误差不随时间积累 ● 易受周围磁环境干扰 ● 自主性强、隐蔽性好	● 完善高精度的全球/区域地磁场模型，提高地磁制备技术 ● 进一步提升地磁匹配导航算法的实用性

续表 7－1

组合导航方法	关键技术	适用范围	特点	发展趋势
重力辅助导航	•重力图构建 •重力实时测量 •重力匹配算法	全海域，航程受限于重力地图范围	•传统算法由于需要线性化导致在重力分布非线性程度高的区域易发散 •自主性强、隐藏性好、不受地域和时域限制 •易受海洋干扰	•重力测量设备小型化 •重力测量输出的实时性 •提高重力匹配算法快速性和解决模块化问题
地形辅助导航	•地形匹配算法 •水下地形数据库构建	全海域，航程受限于海底地形图范围	•测深声呐受水下环境影响大 •隐蔽性差 •当地图信息不丰富时，匹配精度降低	•完善高精度的全球/区域地形数据库 •提升地形匹配算法的快速性、准确性、实时性
协同导航	•协同导航编队构型设计方法 •滤波算法 •网格误差建模与补偿方法	多 AUV 协作下的海洋环境绘图、侦查与探测	•AUV 通过共享方位和位置等信息进行协同导航，能够有效抑制水下导航误差发散的问题 •隐蔽性差，易受水下环境的干扰	•降低由通信带宽、传输延迟、洋流、水下干扰等问题带来的影响 •优化导航编队构型设计方法 •研究改善协同导航滤波算法以及协同导航

7.3.4.1 基于SINS/声学的AUV自主导航

捷联惯性导航系统是通过计算机模拟"数字平台"来代替实物完成工作，即将惯性测量组件(inertial measurement unit，IMU)直接"捆绑"在载体上，通过陀螺仪与加速度计直接捕获载体的运动信息来实现水下导航与定位，其原理如图7-16所示。SINS具有自主导航能力，不需要任何外界电磁信号就可以独立计算出载体的姿态、速度和位置信息，其抗外界干扰能力强，可以极大地提高水下航行器的性能和可靠性，并且，系统的初始对准快捷且方便。但是，SINS的定位误差会随着时间的延续不断增大，即误差积累、漂移增大。

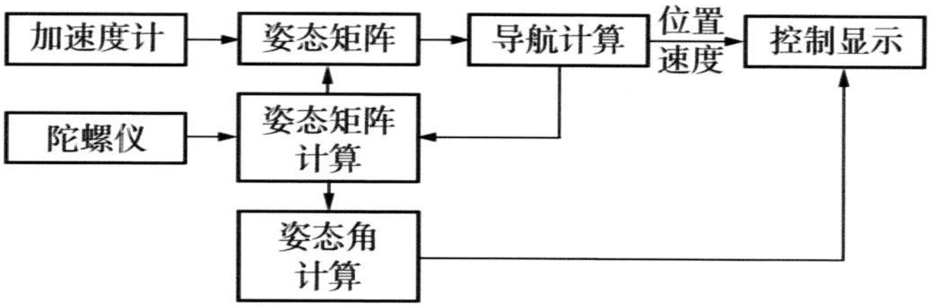

图7-16 捷联惯性导航系统原理

1. 基于SINS/DVL的AUV自主导航技术

SINS/DVL自主组合导航由捷联惯性测量组件(strap-down inertial measurement unit，SIMU)可单独构成捷联惯性导航系统，利用SIMU中的姿态矩阵与水下航行器上的DVL构成航位推算系统，再利用这两个子导航系统一起组成组合导航系统，其结构框如图7-17所示。DVL是基于声呐多普勒效应的测速设备，能提供较高精度的载体速度信息，且其误差不随时间积累，抗干扰能力强。因此在AUV自主导航中，DVL可作为抑制SINS积累误差的重要辅助手段。DVL测速的配置分为三种：单波束配置、双波束Janus配置和四波束Janus配置，其配置的测速原理如图7-18所示。DVL被用于测量水下航行器航行速度，其不能单独用于确定位置，但是可以从惯性导航系统中获得的方位信息进行航位推算，组成航位推算系统(dead reckoning，DR)。

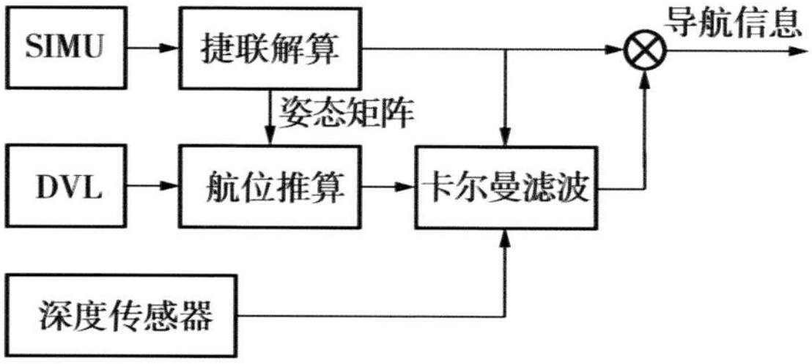

图7-17 SINS/DVL组合导航系统原理

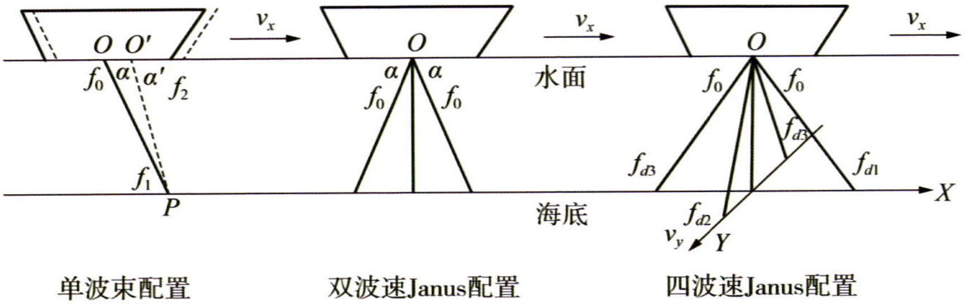

图 7－18　三种多普勒速度计程仪测速配置示意图

SINS/DVL 组合导航方法是 AUV 当前使用的主流水下自主导航技术。SINS/DVL 组合导航系统所涉及的关键技术主要有以下五个方面：数据融合技术、异步信息融合技术、标定技术、DVL 数据失效处理和故障检测技术。

2. 基于 SINS/水声定位的 AUV 自主导航技术

相对于电磁波而言，声波在海水中传播的衰减效应要小得多。水声定位的原理：通过计算 AUV 与声标之间声波信号的传输时间以及其相位差，确定 AUV 与声标之间的相对位置，然后，通过坐标转换得到 AUV 在大地坐标系上的位置信息。因此，水声定位技术在 AUV 自主导航中扮演着重要的角色。水声定位系统按基线长度分类可分为三种，分别为 LBL、SBL 和 USBL，具体采用哪一类取决于基线的长度、基阵的数量和布置位置。三种水声定位系统示意图如图 7－19 所示，性能对比如表 7－2 所示。LBL 的基线长度可与海深相比拟，基阵由多个分布于海床上的应答器组成，定位精度高，适合在大面积作业区域内使用；但其数据更新率较低，应答器的布放、校准以及回收、维护都异常烦琐，作业成本高。SBL 的基线长度一般为几米到几十米之间，各基元分布在船底或船舷上。受基线长度限制，SBL 的精度介于 LBL 和 USBL 之间，且其跟踪范围较小，更适合于在母船附近的 AUV 导航定位。USBL 的基阵可以集成于一个紧凑的整体单元内，基线长度为分米级或小于等于半波长，其体积尺寸最小，可方便地安置于流噪声和结构噪声均较弱的某个有利位置，且布放、回收极为便捷。因此，USBL 得到了越来越广泛的关注和应用。但 USBL 的精度低于 LBL 和 SBL，且定位精度非常依赖于深度传感器、姿态传感器等外围设备，如何提高 USBL 的定位精度成为该领域研究的热点问题，比如从误差源出发，针对水下声速变化、声音传播模型不确定等问题提出了一系列的声线修正方法，针对水声基阵安装误差导致定位精度下降提出了一系列的标定方法。此外，现有研究还从组合导航、定位原理改

进等角度提出了一些改善 USBL 定位精度的方法。USBL 因其体积小巧、安装方便、成本低廉等优势，在 AUV 导航与定位中发挥着不可替代的作用。挪威 Kongsberg 公司 1996 年开始推出第一代 USBL。国内在 USBL 水声定位技术方面虽然起步较晚，但近年也取得了较大进步，已经达到了应用阶段。哈尔滨工程大学从 2002 年开始进行相关研究，2006 年成功研发出国内首台深海 USBL 定位系统样机，2013 年成功研发出国内首台定位系统产品，其研制的水下 AUV 的 USBL 仅适用于近程的特殊场合，相关设备已在某型号 AUV 和向阳红 09 号船上进行了试验。中海达推出的 iTrack UB 系列 USBL 水声定位系统是唯一市场化的国产 USBL 水下定位系统，目前有两款型号：iTrack-UB1000 和 iTrack-UB3000。

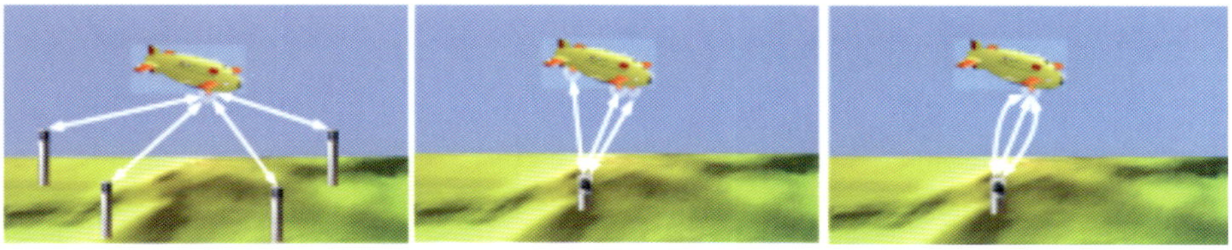

(a) LBL　　(b) SBL　　(c) USBL

图 7－19　三种水声定位系统示意图

表 7－2　水声定位系统性能对比

类型	基线长度/m	特点	优点	缺点	适用对象
LBL	100～6000	基元分布广	定位精度高，作用区范围广	基阵投放、回收工作量大，校准过程繁琐，数据率低	大面积作业区域
SBL	1～50	基元分布于船体底部	精度介于 LBL 与 USBL 之间，不需安装误差校准	基元固定，受船体影响大	母船附近的 AUV 导航定位
USBL	<1	基元集成于紧凑的独立单元	体积小，方便安装、回收	作用距离近，精度低，校准工作量大	低成本小型航行器

得益于声波在海水中的良好传播特性，SINS/水声定位组合导航方法已在 AUV 自主导航与定位中得到了成熟而广泛的应用。该方法能提供多种不同精度的位置信息，且定位误差不随时间累积，从而能够对捷联惯导的输出误差进行修

正，尤其是 SINS/USBL 组合导航方式，近年来更是得到了广泛的关注。但所有基于声学的定位技术都需要向外发射声波，这使得该定位方法隐蔽性较差，在军事行动中无法使用。此外，声学定位往往只能在母船周围有限海域内作用，这也为该方法的实用性带来了挑战。而基于地形、地磁及重力的地球物理模型定位方法，以其隐蔽性好和区域适应性强等特点，将为声学定位方法提供较好的补充和辅助。

7.3.4.2 地球物理导航

地球物理导航系统是利用地球本身物理特征进行导航的技术，以地形辅助导航、地磁辅助导航和重力辅助导航三类为主，具有自主性强、隐蔽性好、不受地域和时间限制等特点，但需要提前采集、建立相应的导航数据库。

1. 地形辅助导航

地形辅助导航是一种自主性强、隐蔽性好的水下导航方法，其原理如图 7－20 所示。该方法的实现首先需要对任务海域的水下地形进行勘测，并依据测绘标准构建出该海域的水下三维基准数字地形图数据库。在执行任务时，将 AUV 获得的当前海域实时地形信息与数据库中的基准数字地形图进行匹配运算，从而确定出 AUV 的当前位置，并利用获得的位置信息对 SINS 的误差进行修正和补偿。从理论上讲，该方法与 AUV 的航行时间和航行距离没有关系，可以保证 AUV 在水下长时间航行之后，能够准确地到达任务部署水域，并顺利完成任务。

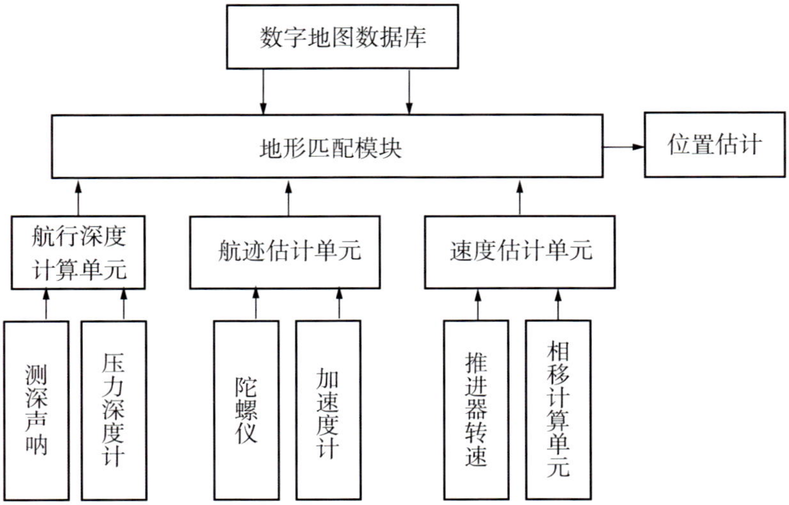

图 7－20 地形辅助导航原理

因为基于海底地形辅助的导航系统大多与武器装备、军事作战息息相关，所以针对水下军事装备地形辅助导航系统的发展及相关技术指标都是严格保密的。在复杂水下环境中，测深声呐的波束宽度、工作频率等性能指标限制了对海底地形的测量精度，进而降低了地形匹配的准确性。此外，水下平台姿态的稳定性受洋流扰动影响会出现不稳定的情况，进而导致测量误差。针对以上情况，一般将潮汐周期随经纬度变化等各种海洋水文信息与海洋地形信息相结合，形成有特色的海洋地理信息系统，以减轻复杂水下环境带来的负面影响。

近年来，基于连续递推滤波和相关批处理算法的地形匹配导航技术得到了不断提升和改进。为了更准确、快速、稳定地对 SINS 的误差进行修正和补偿，现有研究方向可以归结为以下几类：水下地形匹配算法研究、水下地形测量和基准水下数字地形图的制作、水下地形特征分析和数字地图分辨率的定性定量分析。

2. 地磁辅助导航

与地形辅助导航原理类似，水下地磁导航首先需要获取任务海域的地磁场数据并提取出磁场特征值，绘制成参考图存储在导航计算机中。当 AUV 经过任务海域时，根据 SINS 实时输出的位置信息，对预先存储在导航计算机中的参考地磁图进行索引，得到当前位置处的地磁参考值，并通过地磁辅助导航算法将该地磁参考值与实际地磁场数值进行匹配得到准确位置信息，进而 SINS 误差进行实时修正。地磁辅助导航原理如图 7－21 所示。

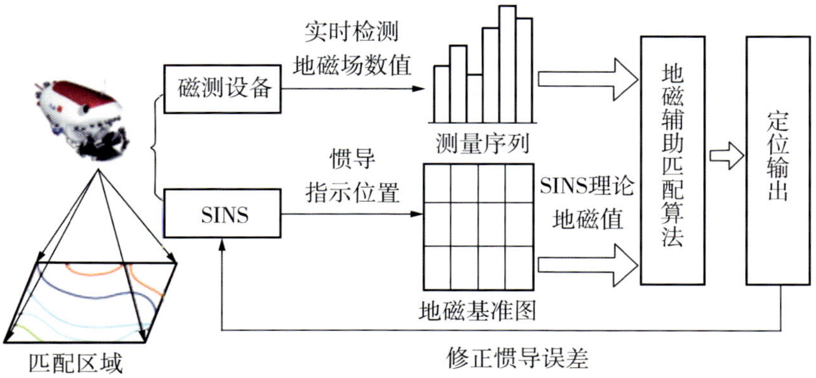

图 7－21　地磁辅助导航原理

对地磁导航技术的研究开始于 20 世纪 60 年代，美国、英国、俄罗斯及日本等国都积极参与研究，表 7－3 所示主要是以水面舰船、水下航行器为应用背景的地磁场辅助导航，其主要采用地磁图、地磁场等值线匹配等方法。我国地磁导航的研究初始于21世纪初，主要研究单位有中国航天科工集团第三研究院、哈尔滨工程大学、哈尔滨工业大学、国防科技大学、中国人民解放军海军装备研究院、西北工业大学、海军工程大学及中国船舶集团有限公司第七〇七研究所等。目前我国研究现状基本处于半物理平台仿真阶段，大部分水下地磁完成的是探测任务。例如，目前我国研制的潜龙二号水下航行器，潜深4500 m，搭载有水下地磁探测器，用于海底磁测分析。

表7-3 水下地磁辅助导航技术发展列表

时间	国家	项目背景	匹配技术	目的
20世纪60年代中期	美国 E-Systems	MAGCOM 系统	地磁场等值线	测速定位
20世纪80年代	瑞典 Lund 学院	船舶定位	地磁异常	测速定位
2003年	美国国防部	鱼雷	—	精度500 m
2009年	日本	AUV	地磁图/等深线图	测速定位

在地磁辅助导航中，导航方式分为紧组合和松组合两种算法。在紧组合中，测量磁场值是一个以位置坐标为参数的非线性函数，通常采用扩展卡尔曼滤波实现磁场值与SINS输出信息的融合，进而对SINS误差进行修正。该算法实时性强，计算复杂度低，但对噪声敏感。在松组合中，首先根据SINS输出信息确定待匹配航迹线并从导航计算机中提取出预存地磁图中相对应的地磁值；然后通过相关的匹配算法与测量的地磁“序列”进行匹配，得到最近匹配位置；最后将匹配位置作为卡尔曼滤波器的量测输入，对SINS的误差进行估计补偿。该算法需要利用地磁序列来匹配精确的位置，使得其实时性较差，计算复杂度高，但是对磁场噪声的抗干扰性强。如图7-22所示为松组合与紧组合的算法示意图。获取精确的匹配位置信息是地磁导航的主要目标之一，而利用地磁场进行辅助导航存在的技术难点主要有以下几个方面：①研制高性能磁力计及磁干扰误差补偿技术；②建立精确的地磁场模型及地磁图制备技术；③地磁匹配导航算法研究；④地磁图的适配性研究。

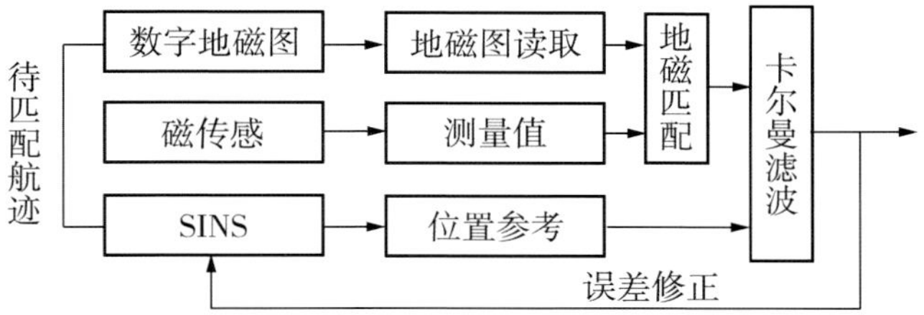

(a) 松组合算法示意图

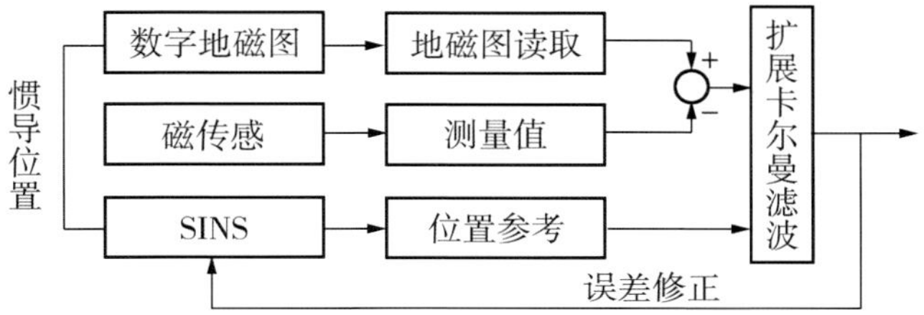

(b) 紧组合算法示意图

图 7－22　地磁辅助导航组合算法示意图

3. 重力辅助导航

重力辅助导航是利用地球重力特征信息匹配出载体位置，并对 SINS 的导航误差进行修正，从而实现自主导航的技术。重力辅助导航目前已被广泛应用于水下航行器导航，但是重力仪及重力梯度仪的质量和体积都比较大，无法满足 AUV 的安装要求。随着重力测量设备仪器小型化的发展，未来可以考虑在 AUV 上应用重力匹配导航。重力辅助导航系统由 SINS、重力参考数据库、重力测量传感器、匹配算法和卡尔曼滤波器五部分组成，如图 7－23 所示。当 AUV 执行任务时，首先利用 SINS 提供的位置在重力基准图上搜索重力参考值，同时海洋重力传感器实时提供重力测量值，然后将重力参考值和测量值发送到匹配算法，确定出载体位置，利用获得的载体位置和卡尔曼滤波器对 SINS 输出的导航结果进行修正。重力辅助导航方法的关键技

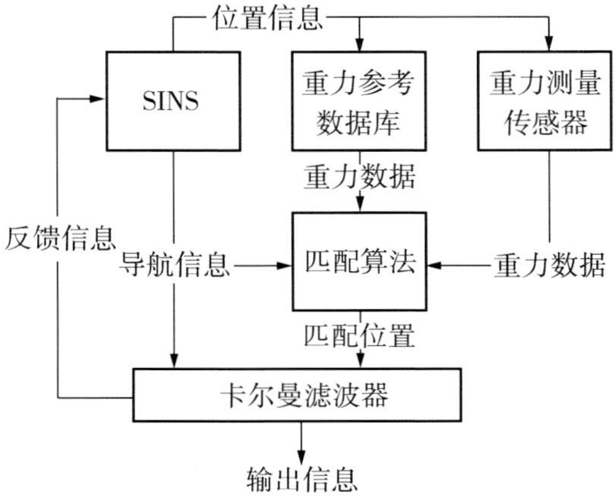

图 7－23　重力辅助导航系统示意图

术主要包括重力图构建、重力实时测量和重力匹配。

7.3.4.3　协同导航

协同导航通过获得辅助信标的相对距离或方位信息，然后根据AUV自身位置信息与相对距离或方位信息进行协同导航，可获得更高的导航定位精度。然而，AUV的水下协同导航仍然受通信带宽、传输延迟、洋流、水下干扰及扩展受限等问题的挑战，是当前海洋工程领域的研究热点。AUV协同导航的工作原理如图7－24所示。单一的AUV往往不具备单独完成水下多任务的能力，而多个水下航行器的协同工作则可带来1＋1＞2的效果。通过合理配备多种导航技术，并对不同导航系统提供的信息进行有效融合，进而获得比单一导航系统精度更高、可靠性更强的导航效果。作为导航领域最具研究前途的方向之一，协同导航在无线电网络、卫星导航、无人车、水下无人航行器等方面越来越受到人们的关注。

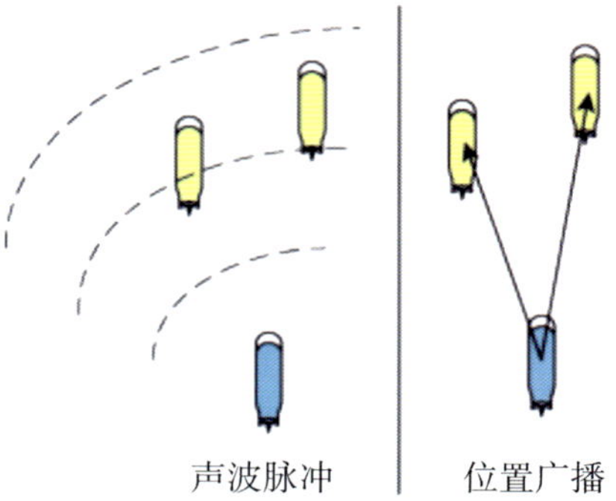

图7－24　AUV协同导航的工作原理

领航艇按照预设的时间间隔发送一定频率的声波信号，接着在间隔一段时间(5～6s)后，广播自身位置信息(包括领航艇的位置、深度、航向及时间戳)。跟随AUV通过水声通信设备接收领航艇发送的声波信号和位置信息，并计算其相对于领航艇的相对距离，然后根据领航艇自身位置信息与相对距离信息进行协同导航，以获得更高的导航定位精度。协同导航编队构型设计方法、协同导航滤波算法和协同导航误差建模与补偿方法是协同导航关键技术。

协同导航的编队构型直接影响协同导航的可观测性，进而影响协同定位精度。针对单领航艇协同导航，若领航艇与跟随艇之间没有相对位置变化，则系统近似不可观，因此领航艇或跟随艇需要调整运动轨迹。通常跟随艇需要执行相应任务，而领航艇只需完成领航任务，因此只需领航艇调整运动轨迹即可。现有的最优编队构型包括Z字形机动和环形机动两种，如图7－25所

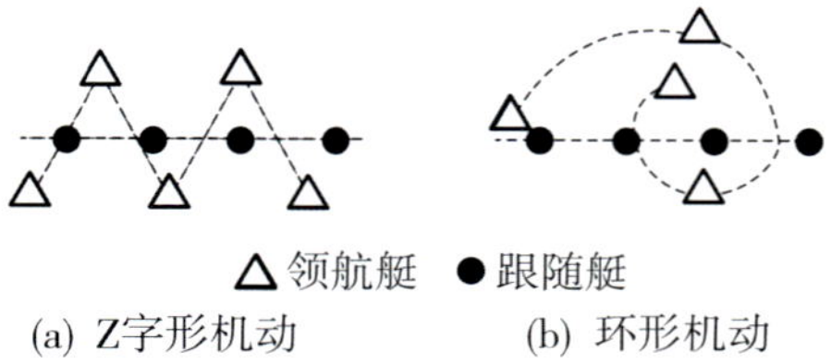

图7－25　单领航艇编队构型

示。针对双领航艇协同导航，研究表明两组主从 AUV 间的相对距离相互垂直时，相对运动的队形最优，如图 7 – 26 所示。随着协同导航传感器的多样化、协同任务复杂化以及多 AUV 协同可扩展能力的发展，协同导航对导航算法的要求将更加严格，且考虑多 AUV 通信量和计算量大的问题，现有的算法性能还需要进一步提升。受水下环境特殊性的影响，声波在水中的传播行为十分复杂，另外还受到未知洋流的影响，使得 AUV 协同导航模型不准确，因此还需要进行误差建模与补偿。协同导航具有如下优势：①可通过系统中其他平台的高精度导航信息，提高低精度运动平台的导航精度；②可以利用部分平台的有界定位误差的导航能力，通过信息共享使各平台都具有误差有界的定位能力；③当某平台由于传感器或环境因素丧失独立导航能力时，协同导航可以在一定程度上恢复其导航能力。“协同导航”相对“各自为战”的导航方式，能实现平台间的导航资源共享，具有比独自导航更优的性能。协同导航成为未来 50 年解决水下中间层区域多 AUV 高精度导航的重要方法。

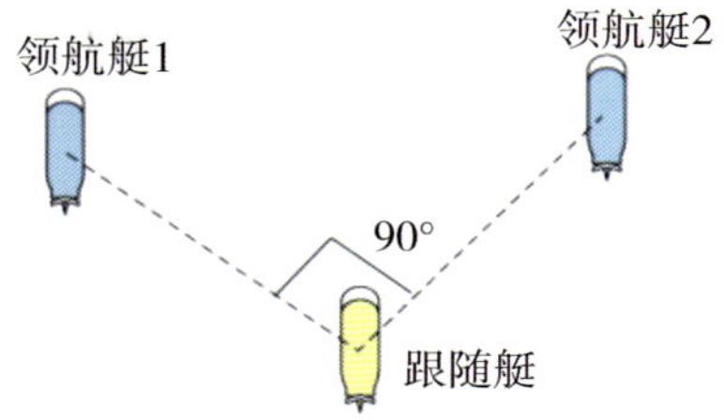

图 7 – 26　双领航艇编队构型

7.3.4.4　视觉导航

视觉导航是指摄像机或视觉传感器对捕获的图像等信息进行滤波和计算，完成对障碍物和标志物的探测和识别。水下视觉导航分为光视觉和声视觉两种。光视觉是通过摄像头对目标进行跟踪控制，而声视觉采用的是图像声呐。由于海水中光照不足，导致水下光视觉导航只适合 AUV 在小范围区域的导航定位。声视觉因为采用的是类似声呐的原理，通过处理不同物体返回的声波，并将其轮廓显示出来。声波比光在水中传播距离更远，因此，声视觉比光视觉探测范围更广。

目前，采用视觉导航的 AUV 多为光视觉导航系统。澳洲国立大学和悉尼大学联合研发的 Kambara 是一种基于光视觉导航控制的 AUV。Kambara 上共配有 3 个摄像头，其中 2 个侧向摄像头为其提供立体视觉，第 3 个摄像头用于实现自身控制和目标追踪。日本东京大学研发一种可用于水质监测和水下浮游生物分布测量的光视觉系统 AUV-Tantan，通过其配备的高分辨率显微摄像头和内嵌的图像识别处理模块，可以清晰地识别出不同水域中的浮游生物。由于目前还没有相对完善的图像声呐识别目标的理论框架，所以基于图像声呐的声视觉导航多用来辅助光视觉导航。例如，美国早期的一款水下搜索系统 AUV，配备了前视声呐、静物照相机、电荷耦合器件(CCD)摄像机以及水下照明设备，在 6100 m 的深海中，可通过声呐发现目标并不断接近，配合水下照明设备使用 CCD 摄像机拍照，最后将图片压缩回传到母舰或陆上控制中心。

水下光视觉导航受限于水中光照不足，而正在研究的水下激光成像技术可比水下照明扩大 4 倍探测范围。早在 1966 年，美国就对水下激光成像技术进行了研究，较典型的有美国 Sperry 海洋有限公司研制的距离选通水下激光成像系统，在衰减系数为 0.1/m 的水中，观测距离可达 160 m，与理论值相近，即使在近岸的浑浊水体中观察距离也可达 30 m。另外，美国 Sparta 公司研制的水下激光成像系统在港口水域的成像距离可达到 500 W 灯泡照射系统的 5 倍。而我国在该领域的研究大多处在实验室阶段，近几年，中国科学院西安光学精密机械研究所、中国科学院长春光学精密机械与物理研究所、中国科学院上海光学精密机械研究所、天津市电视技术研究所、北京理工大学、华中科技大学及东南大学等单位均对水下成像系统进行了系统研究，但与发达国家相比还存在较大差距。

7.3.5 AUV 探测与通信技术

AUV 具有造价低、隐蔽性强、值守区域广、机动灵活、无需人工干预等优势，可自主、长时间游弋于水下。为了自主完成各类水下任务，对 AUV 智能化的要求越来越高，而 AUV 所携带的探测、通信载荷是其智能自主达成使命任务的关键设备。受 AUV 载荷空间重量的限制，探测通信系统的轻量化、一体化成为发展趋势，除此之外，还需重点解决 AUV 平台运动带来的强多普勒、高背景噪声和由复杂海洋环境带来的信道时变等问题，特别是在无人集群应用场景下，如何克服平台和环境带来的影响，有效实现探测与通信也将面临巨大的挑战。

探测通信系统的轻量化一直是研究的热点和难点，近年来，主要突破点集中在实现电声、声电转换的换能器设备上。为了减少所占空间和减轻重量，北约水下研究中心(NURC)、新加坡国立大学均致力于细线拖曳阵技术，后者自 2005 年起开始该技术的研究工作，已成功研制出直径为 15 ~ 25 mm、阵元数为 12 ~ 24 的多型细线拖曳阵(图 7 - 27)，并利用 STAR Fish AUV 搭载直径为 15 mm 的数字细线拖曳阵实现了自主探测，为进一步克服空间、重量等的限制，AUV 探测系统开始向主被动联合、换能器轻量化、与声通信机等其他声载荷共用换能器及信号处理硬件的方向发展，即研制通信、探测、节点子定位为一体的综合声载荷，可有效缩小设备体积，降低 AUV 的能耗水平。

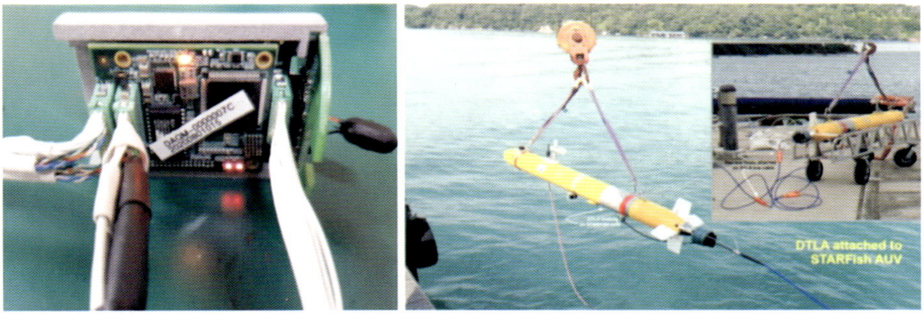

图 7－27　数字细线拖曳阵及 AUV 搭载探测实验

由 AUV 自身运动所带来的强多普勒、高背景噪声，以及因复杂的水声传播信道引起的多径衰落等不利因素，使得 AUV 通信与探测系统迫切需要具有环境适应能力。为适应运动条件下的稳健通信需求，AUV 通信多采用商用声通机，在调制方式上以抗多普勒、抗噪声性能较好的扩频（直扩、扫扩）和多进制数字频率调制（multi frequency sift keying，MFSK）为主，结合多普勒补偿技术，有助于实现较快相对运动速度及加速度下的稳健通信。结合公开报道，目前商用声通机的系统性能上界已接近于 40 km·kB/s。相关高校及科研院所近年来开展的正交频分复用（orthogonal frequency division multiplexing，OFDM）、正交时空频（orthogonal time frequency space，OTFS）、单载波水声通信以及水下光通信、磁通信等研究与试验验证为不同环境下稳健、高速、可靠通信链路的实现提供了可行的思路。

为了应对水下复杂甚至是恶劣的使用环境，以及具有对抗能力的非合作目标带来的巨大挑战，近年来，受益于人工智能等信息技术的长足发展，AUV 的探测、通信能力也得到了有力支撑。结合深度学习技术，在长时间、固定区域或节点下获得有效的环境信息进而获得环境的适应性以提升探测、通信系统性能已成为可能。

需要指出的是，随着集群化、体系化的发展，各 AUV 如何在受限的通信链路条件下实现协同探测，也是当前 AUV 迫切需要解决的问题。采用动态多基地技术，可以在不同任务模式下，在多个 AUV 之间切换主被动工作体制，应对目标大范围机动、目标对抗等情况。

7.3.6 AUV 的布放回收技术

国内外对 AUV 布放回收系统研究始于 20 世纪 90 年代，很多科研单位及公司对不同的 AUV 研制了相应的布放回收系统，回收方式多样化。按照布放回收方式的不同，可将 AUV 布放回收系统分成水面布放回收 AUV、水下平台式布放回收 AUV 及滑道式布放回收 AUV 三种方式。

7.3.6.1 水面布放回收 AUV

A 形架是水面布放回收经典方法，在大型 AUV 布放回收中应用最为广泛。A 形架在布放回收中通常布置在母船的后甲板上，也有少部分布放在母船侧边。A 形架的通用性很强，可以回收不同直径大小的 AUV、ROV（remote operated vehicle）、UUV（unmanned underwater vehicle）等水下作业设备。由于 A 形架具有可靠性强、适用性广、操作简单等优点，在 3 级甚至 4 级海况都可以进行回收。A 形架水面回收系统在国外研究较早，目前已完全商业化。具有代表性的有挪威 TTS 公司生产的重达 600 t 的大型 A 形架布放回收系统，以及俄罗斯设计的可以用集装箱运输的回收系统。虽然国内 A 形架在 AUV 水面回收系统的应用起步较晚，但进展迅速。图 7－28 所示是“向阳红 09”提升 “蛟龙号”水下机器人布放回收示意图。A 形架在回收 AUV 时一般是通过铰链和母船相连接的，结构强度高，在回收大型 AUV 时一般选用 A 形架。在海况高时，由于需要操作人员对 AUV 进行缆绳固定，不容易操作，危险系数也比较大，在后期维护也不太方便。

图 7－28 “向阳红 09”提升“蛟龙号”水下机器人布放回收示意图

专用吊臂通过固定支座和母船相连接，具有结构简单、操作方便、成本低等优点。目前广泛应用于各种中小型 AUV 的布放回收。英国南安普敦海洋中心

Autosub 6000 和蓝鳍水下机器人公司 Bluefin 系列，设计了专用吊臂和专用吊装工具。这种回收方式大大简化了人员的操作流程，也可以减少操作人员，还可以相应提高布放回收的安全性和可靠性，如图 7 – 29 所示。

图 7 – 29　吊臂布放回收 AUV

7.3.6.2　水下平台式布放回收 AUV

AUV 平台对接是采用水下对接模式，其参照飞机在航母上的着陆模式，该回收方式带有导引功能。水下平台对接设备主要由对接台、导向罩、锁紧机构、捕捉机构等组成，回收方式难点在于在不靠其他对接机构的情况下，控制 AUV 到回收平台上。平台式对接方式比较具有代表意义的是日本的 Marine-bird 水下对接系统，如图 7 – 30 所示。

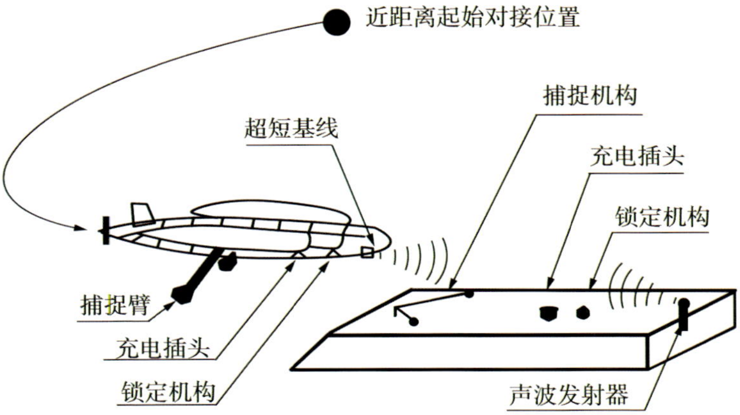

图 7 – 30　Marine-bird 水下对接系统

美国的 REMUS AUV 水下对接系统，该对接方式要求水下对接装置前端设计有一个类似漏斗状的导向罩，可以引导 AUV 进入对接管内或对接笼似的设备，然后完成对接。水下对接系统在深水区受海况影响较小，操作简单，在回收到导向罩内，水下对接装置本身可以对 AUV 起到一定的保护作用，保护 AUV 不受洋流的影响。缺点是 AUV 对操控性能和运动控制能力有很高的要求。这种对接方法适用于形状是圆柱形或鱼雷形状的 AUV，如图 7 – 31 所示。

图 7 – 31　REMUS AUV 水下对接系统

7.3.6.3　滑道式布放回收 AUV

滑道式布放回收 AUV 是一个很典型的 AUV 布放回收系统，通常用于圆柱形 AUV 布放回收。滑道式布放回收结构比较简单，操作方便，但不适合安装在高干舷的母船或平台上，布放回收装置空间大。当布放 AUV 时，首先变幅执行机构工作，使滑道呈倾斜状态，然后通过伸缩机构 AUV 沿滑道倾斜伸向水面，最后释放夹紧机构，完成 AUV 的布放。在回收 AUV 时，绞车释放缆绳放入水中，AUV 主动控制识别咬住缆绳，形成自锁功能，绞车收回缆绳，将 AUV 拉到布放回收装置上，再控制伸缩机构把滑道收回到母船上，完成对 AUV 的回收工作。

从 20 世纪 HUGIN 系列 AUV 在挪威问世至今，已逐渐出现了 HUGIN1000、3000、4500 和 HUGIN-MR 系列 AUV。HUGIN4500 型号的 AUV 的实物如图 7 – 32 所示。HUGIN4500 是该系列 AUV 中最大的，长度超过 6000 mm，重2200 kg。HUGIN4500 自身的数据处理能力更强，采用了功率更高的半燃料电池，充电速度快，其容量比 HUGIN3000 高 30% 左右。潜航器可以应用于 1000 ～ 6000 m 不同的作业深度，AUV 的航行速度最快可以达到 5200 t，当以 3000 t 的速度航行时，能工作超过 72 h，如果航行速度为 4 kn 时，能工作 55 h 左右。HUGIN 使用 HISAS 微导航，搜集的数据比其他任何商用 AUV 搜集的数据更优质，可以搭载多种不同作用的传感器，如工作频率 230 kHz 或 410 kHz 的侧扫声呐，工作频率 1 ～6 kHz 的浅海底剖面仪。

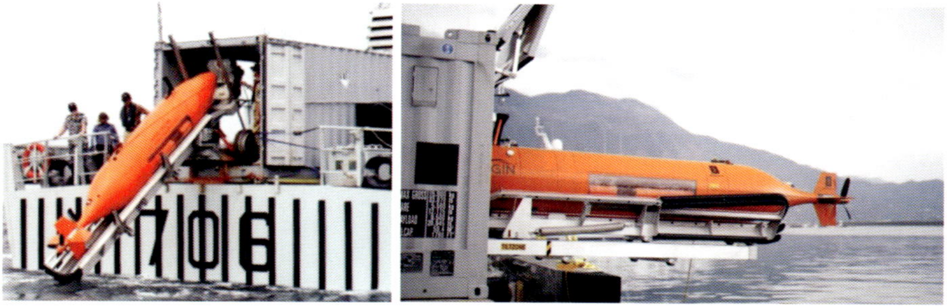

图 7－32 挪威的 HUGIN 系列 AUV

GEBCONF Columni 是由日本财团资助的国际团队，以海底地形测绘为主题赢得了“海洋探索”挑战赛的冠军。其 SEA-KIT 无人驾驶艇续航力强，USV 和 AUV 一体化设计，使其具有运输方便的特点。船身由金属打造，长 12 m，由电动柴油混合动力驱动。根据计划，无人船首次穿过大西洋航行，从加拿大出发，前往英格兰南部海岸，全程 35 d。无人船在航行过程中没有人员参与，所以该船设计的比一般的船小，可以使用更少的燃料航行更远的距离，对港口停泊要求的空间就相对较小。它通过三颗卫星控制，操作人员通过卫星和船舶链接通信，可以使用热成像、监控系统、雷达获得船舶实时相关数据。SEA-KIA 可以进行一些海上扫雷探测，以及对人来讲危险的探测活动，对海洋探测有很大帮助。因为无人船可以节省很多燃料，对船员的依赖性较小，公司看好未来的发展前景，使项目获得了相关研究者的广泛关注。SEA-KIT 回收 AUV 的方式不同于其他的回收方法，它基本在水面就能完成 AUV 的回收，降低了回收机构的变幅摆荡及滑动对 AUV 造成结构损伤的可能性。它的回收装置简单，给 AUV 自主回收提供了一种新的思路。SEA-KIT 艉部含有传送带装置，当 HUGIN1000 AUV 航行至艉部开口区域，其艏部与传送带完全接触后，螺旋桨停止工作，在传送带作用下完成回收流程，如图 7－33 所示。

图 7－33 日本 SEA-KIT 无人艇

哈尔滨工程大学设计了一种可两级收放的布放回收装置。布放回收装置主要由固定架、滑动机构、驱动液压缸等组成。在 AUV 靠近无人船前段放置了一个绞车，无人船尾部装有一个导向装置，方便回收 AUV。当要进行海上布放 AUV 时，该装置选用液压驱动，液压执行机构带动 AUV 转动指定角度，由 AUV 下的滑动结构体带到尾端位置，即可完成 AUV 的布放工作。在海洋工作完成后要对 AUV 进行回收时，AUV 通过控制系统把 AUV 导引到导向装置部位，然后滑动和转动机构工作，完成回收的工作。设计的导向装置可以提升 AUV 回收的成功概率，能有效降低对 AUV 的控制要求。

东北大学设计的一种可用于水下拖曳体三级布放回收装置，如图 7－34 所示。该装置主要由液压站、绞车、水下拖曳体、一级液压缸、二级液压缸、三级液压缸、滑台和底盘等组成。当装置工作时，起升架通过铰链和底盘链接，首先将起升架通过液压缸抬升一定角度，使其呈倾斜状态，方便安装在起升架上的滑轨可以顺利移动，当起升架起升至一定角度后，二级液压缸工作，带动安装在其上的三级滑台和拖体，沿着倾斜起升架向水面移动，当前两步工作完成后，三级液压缸工作，三级液压缸上的滑台与拖体相连接，具有对水下拖曳体的锁紧与解锁功能。布放时，当三级变幅机构分别展开，拖体入水到一定深度时，对拖体进行解锁布放。回收 AUV 时，三级液压缸对拖曳体进行锁紧，可以起到对拖曳体的限位功能。

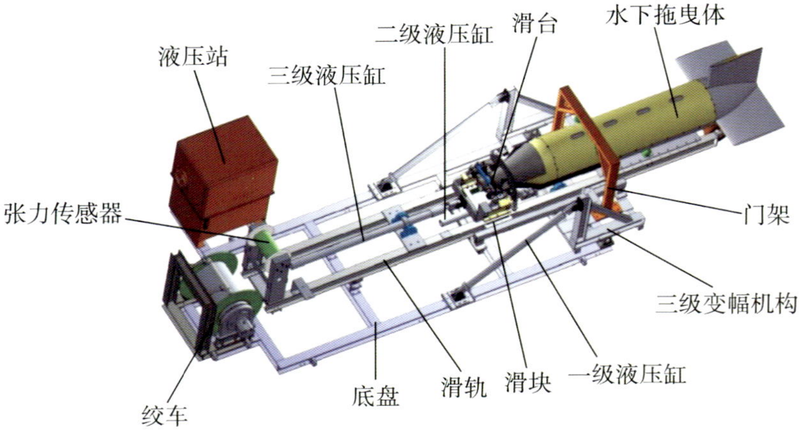

图 7－34　东北大学设计的三级布放回收装置

7.4 应用现状

7.4.1 国外 AUV 发展及应用

目前，在 AUV 技术研究和应用方面，美国、挪威、英国、法国、俄罗斯、加拿大、澳大利亚、德国和日本等一些国家已经取得了很多研究成果。发达国家十分重视水下智能装备的技术研发，成立了专门的科研机构，比较著名的单位包括：美国伍兹霍尔海洋研究所、美国麻省理工学院智能水下机器人实验室、英国国家海洋研究中心、日本东京大学水下机器人应用实验室等机构。截至目前，这些机构都相继推出了成熟的 AUV 系列产品，广泛应用于民用和军事领域中。其中，美国是 AUV 发展的主导者，其研发的产品占全球总数的一半以上。

7.4.1.1 美国

水下无人航行器研究最初起源于美国，至今已有 100 多年的历史。20 世纪 50 年代末期，美国华盛顿大学开始研制世界上第一款无人无缆潜器 SPURV(self propelled underwater research vehicle)，其排水量为480 kg，航速可达4 kn，航行时间约6 h，主要用于海洋水文环境的调查。美国主要研究 AUV 的单位有美国海军空间和海战系统中心(SPAWAR)、麻省理工学院(MIT)、美国伍兹霍尔海洋研究所、通用动力公司、雷声公司、美国国防部高级研究计划局(DARPA)和 CSDL、佩里技术公司、美国海军研究生院(NPS)、美国海军水下作战中心(NUWC)、美国海军研究局(ONR)、美国海军海洋系统中心(NAVOCEANO)等。波音公司自 1970 年以来一直致力于 AUV 研究，近年来与美国海军和 DARPA 合作开展了一些水下机器人项目。Echo Voyager 是波音公司的第一款超大型 AUV，经过大约五年的研发，于 2017 年首次投入运营。AUV 长约 15.5 m，可用于油气公司的油气勘探、长期调查和基础设施分析。

Free Swimmer Ⅱ-SFⅡ、AUSS、Flying Plug 这三种航行器，由美国海军空间和海战系统中心研发，用来指挥、控制、研究水声通信及进一步开发光纤和非金属材料等技术。这三种无人水下航行器分别被称为先进的无人搜索系统、自由者Ⅱ和飞行插塞。其中 AUSS，如图 7-35 所示，是一个用于深海探测的鱼雷外形的 AUV，其全长 5.2 m，直径 0.8 m，重量为 1.23 t，可以在最大航速 6 kn 的情况下续航10 h，配备了20 kWh银锌电池、两个纵向推进器和两个垂直推进器。通过所携带的水声通信装置，AUSS搜索目标的时间比常规拖曳式搜索要快上10倍左右。

图7-35 美国的AUSS AUV

图7-36 麻省理工学院"Odyssey-Ⅱ"AUV

Odyssey-Ⅱ是由麻省理工学院研制的一款AUV，如图7-36所示，主要用于科考和海洋取样网络研究，例如在北冰洋冰面下的标图，以对海冰机制有更深的理解；在中部大洋山脊处检测火山喷发的时机等。这款AUV长为2.2 m，直径0.58 m，重量为0.2 t，可以航行8 h，最大直航速度为0.79 kn。

REMUS是由美国伍兹霍尔海洋研究所设计制造的一种在浅水环境下进行远程海洋环境监测的AUV，包括REMUS100、REMUS600和REMUS6000多个型号，数字代表其最大作业水深，如图7-37所示。其中REMUS100是一款微型AUV，长1.6 m，直径0.19 m，重36.5 kg，可执行多种水下作业任务，包括水下搜救、水雷侦查、水文调查等。其主要用于近海环境下的勘测和自动采集方向，可以自主完成出坞、入坞自动充电、上浮、自检、数据传回等一系列任务，并在2003年的伊拉克战争中参与了近海排雷任务。由该所研制的ABE系列AUV则用来进行深海作业，主要的优势在于其良好的机动性，低速下的定位、地形勘测和自动入坞功能，并可在水中完全悬停。

(a) REMUS100

(b) REMUS600

(c) REMUS6000

图7-37 美国REMUS系列AUV

ARIES AUV 是由美国海军研究生学院 NPS(Naval Postgraduate School)研发的一款 AUV，主要用于控制、人工智能、可视化和系统集成等技术的研究，ARIES AUV 长 3 m，宽 0.4 m，高0.25 m，重量为 0.225 t，最高航速 3.5 kn，主要作业区域为浅水，下潜深度30 m，可通过推进器控制 AUV 姿态，包括保持其在水中的稳定性。MK30 Mod2 反潜战靶标，是一种潜艇模拟器，装置总长 6.2 m，直径 0.53 m，航行速度 7 ～ 30 kn。装配有潜艇的声学模拟设备，可模拟潜艇的动力学、声学和磁性特征，对敌方鱼雷和水雷进行干扰和诱骗，进而保护潜艇的安全。

“曼塔”(Manta)，由美国海军水下作战中心研制。“曼塔”是一款巨型 AUV，总体外形呈扁平流线形，长 10.4 m，宽 2.4 m，高 0.9 m，排水量为 14 000 kg，主要担负水下侦查、探测和作战任务。该 AUV 还可搭载模块化的武器系统和侦察系统，通过搭载不同载荷，执行多种水下任务，如图 7 – 38 所示。

图 7 – 38　美国 Manta AUV

“海马”(Seahorse)，由美国宾夕法尼亚大学为美国海军研制。航行器整体呈鱼雷形，总长 8.6 m，直径 0.966 m，排水量 5000 kg，以 4 kn 速度巡航的最大航程可达 925 km。“海马”采用导管型喷水推进器和“X”形尾舵，主要用于濒海作战，执行监视、侦察、反水雷和水下目标跟踪任务，如图 7 – 39 所示。

图 7 – 39　美国 Seahorse AUV

1989 年，美国工学院自主式潜航器实验室成功研制出 Bluefin 水下航行器，后成立了“金枪鱼”机器人公司，该公司从 Bluefin-9 起步，相继研发了 Bluefin-12、Bluefin-21 等型号，如图 7 – 40 所示。Bluefin-21 在中型水下航行器中技术发展较为成熟，应用较广泛，可根据不同的用途配备不同的传感器和载荷，与其他同类型产品相比，具有导航精度高、可靠性好等优势。2014 年，Bluefin-21 在南印度洋参与了 MH370 失联客机的搜救行动，备受瞩目。

(a) Bluefin-9　　(b) Bluefin-12　　(c) Bluefin-21

图 7 – 40　Bluefin 系列水下航行器

美国伍兹霍尔海洋研究所设计的 Remus 100 是美国最成功的便携式水下航行器，为 Remus 系列航行器中最小的一款。该航行器采用锂电池供电，以 3kn 的巡航速度可连续航行 22 h，最大航程达 123 km。针对反水雷、深海探测、海上搜救等任务需求，该公司又相继研发了 Remus 600、Remus 6000 等型号的水下航行器，这些水下航行器被广泛应用于北约国家海军。在 2003 年的“自由伊拉克”军事行动中，美国海军在伊拉克乌姆卡斯尔港开展入港航道和港湾清理工作的过程中使用了 Remus 100，其在一个月的时间里一共成功发现了 237 个水下目标，其中 100 个被认定为水雷，如图 7 – 41 所示。

(a) Remus 100　　(a) Remus 600　　(c) Remus 6000

图 7 – 41　Remus 系列水下航行器

7.4.1.2　挪威

挪威国防研究机构于 1991 年开始研发无人水下航行器，随后与 KONSBERG 公司共同研制了 HUGIN 系列 AUV，并于 1996 年第一次进行了军用 AUV 海上试验。这艘 AUV 的下一代产品 HUGIN4500，长度为 6.5 m，直径 1 m，可以到达水下 4500 m，采用了半燃料电池作为携带能源，续航时间为 60～70 h，续航速度大约为 3.7 kn。该 AUV 用于海上侦察，属于 HMRS 发展计划中的一部分，现在已经系列化。

7.4.1.3 俄罗斯

早在 20 世纪 70 年代，苏联就开始了 AUV 的研发，尽管冷战时期受到西方的技术限制，其自主研发的成果仍然相当的丰富。并于 20 世纪 90 年代在太平洋、挪威海和大西洋，使用其制造的 AUV 成功进行了深海探索任务。同时，俄罗斯在 AUV 的结构材料（如钛合金的加工制造和焊接）方面，处于世界先进水平，并在研发复合材料和陶瓷材料方面，也有相当的成果。俄罗斯研制了 SKAT-GEO、L-2MT88、MT-GEO、TIPHLONUS、TSL、SAPA-1 型等 AUV，并与乌克兰同时在国际上出售相关的技术和产品。

7.4.1.4 加拿大

加拿大于 1994 年研发的 Theseus AUV，可以在北冰洋的海底进行光缆的铺设工作，随后又研制出容量达 70 kWh 的铝氧燃料电池，使 AUV 的续航能力得到了进一步的提升。然而由加拿大开发的 AUV 中最出名的当属 RAY 和 Sunfish 这两个型号。其中 RAY 可以通过重物的移动来实现俯仰姿态的控制，而 Sunfish 主要是进行搜索工作。

7.4.1.5 日本

日本是一个地震多发的岛国，一直都很重视海洋技术的发展，在民用方面，AUV 主要用于地震的预报以及海洋资源的开采和开发等。日本于 20 世纪 80 年代就开展了 AUV 的研发，并于 2002 年由三井造船公司联合东京大学研发了 R2D4AUV。另外，日本东京大学的成果还有 Tri-dog1、Twin-Burger1&2、PTEROA150&250、Tantan 等多个型号的 AUV。以日本海洋科学技术中心和东京大学为代表的科研机构研发了 R-one、r2D4、URASHIMA 等航行器。其中，URASHIMA 总体呈圆锥流线形，长 10 m，宽 1.3 m，高 1.5 m，重 8～10 t。采用了双层结构，外壳为非耐压壳体，采用 FRP 强化塑料，内层耐压壳为钛合金结构，最大作业水深可达 3500 m。其装备有海水取样器、水下摄像机等多种海洋科考仪器，主要用于海洋生态、海底地形等方面的研究。

7.4.1.6 英国

前英国国防研究局在 AUV 的研发中起到了决定性的作用，同时一些公司也参与了进来。主要推出了 Autosub 系列和“护身符”Tailsman 系列航行器(图 7-42)。Autosub 由英国南安普敦海洋研究中心研发，总体呈鱼雷形，长 7 m，直径 0.9 m，重 1.5 t，主要用于民用领域，通过搭载物理、化学传感器，执行多种海洋环境监测任务。“护身符”由英国 BEA 公司研发，航行器整体采用扁平外形，长 4.5 m，宽 2.5 m，重 1.8 t，配有 6 个矢量推进器，具有很好的机动性，可实现水下动力悬停和 360°旋转。“护身符”在水面采用无线电或卫星通信，在水下采用水声通信方式，可装配“喷水鱼”(Archerfish)灭雷具，执行水下扫雷任务。

图 7-42　英国 Autosub AUV 和英国“护身符”AUV

7.4.1.7　德国

德国的 STN 公司和 HDW 等公司研制的 TCM/TAU2000 反潜无人水下航行器，用于鱼雷对抗任务，已经装配到了 209、212 级潜艇上，采用了模块化设计，装配过程十分简单。同时 STN 公司开发的 DeepC 还采用了碳纤维增强型塑料、微缩燃料电池等最新的制造技术。

7.4.2　国内 AUV 应用现状

我国从 20 世纪 90 年代开始了 AUV 的研究，在国家 863 计划的大力支持下，中国科学院沈阳自动化研究所、哈尔滨工程大学、西北工业大学、华中科技大学、中国海洋大学，以及中国船舶重工集团有限公司第七〇二、七〇五、七一〇、七一五研究所等单位及研究机构均参与到了 AUV 的研究工作当中。20 世纪 90 年代中期，由中国科学院沈阳自动化研究所带头，联合哈尔滨工程大学和中国船舶重工集团有限公司第七〇二研究所等多家科研院所，研制出我国第 1 台 1000 m 级“探索者”AUV，工作深度可达 1000 m。1995 年，又研制了可以下潜到 6000 m 的“CR-01”AUV。1997 年，“CR-01”AUV 在太平洋多金属结核的调查工作中表现良好。“CR-02”AUV 是“CR-01”AUV 的改进型，代表了我国小型 AUV 的最高水平。哈尔滨工程大学自 20 世纪 80 年代以来就一直进行着 AUV 的研究，特别是近 10 年来发表了大量高水平的学术论文，且 AUV 的研究成果也越来越接近国际先进水平，其所研制的扁平航行器于 2010 年成功地进行了湖海试验。

“十二五”期间，在国家海洋局和中国科学院的大力支持下，中国科学院沈阳自动化研究所面向深海资源调查和海洋科学研究的需求，分别构建了“潜龙”系列深海 AUV 和“探索”系列 AUV 两个技术体系，其中潜龙系列 AUV 主要用于深海资源勘查，主要包括：6000 m 级“潜龙一号”、4500 m 级“潜龙二号”和“潜龙三号”。2013 年，“潜龙一号”先后通过湖上试验和南海海试试验。在“潜龙一号”的基础上，2016 年，我国自主研发的 4500 m 级“潜龙二号”AUV，首次采用前视声呐作为避障设备应对水下复杂地形地貌，其导航装备以布放的四个应答器构成的 LBL 系统为主。“潜龙二号”的探测任务包括海底地形地貌探测、热液异常探测和磁力探测等。“潜龙三号”是潜龙系列中最新一代的水下航行器，实现了我国 AUV 首次在大西洋科考上的应用，标志着我国 AUV 技术跻身世界先进行列。“探索”系列 AUV 主要用于海洋科学研究，主要包括：“探索 100”“探索 1000”和“探索 4500”，其中“探索 4500”是 4500 m 级深海 AUV，主要用于冷泉区科学调查，如图 7－43 所示。

(a) “探索者”

(b) “CR-01”

(c) “CR-02”

(d) “潜龙一号”

(e) “潜龙二号”

(f) “潜龙三号”

图 7－43　中科院沈阳自动化研究所研制的系列水下航行器

哈尔滨工程大学水下机器人技术重点实验室在 AUV 研制方面也有丰富的经验，研制了一系列微型 AUV、中型 AUV 和海洋探测大型 AUV。此外，哈尔滨工程大学在水声通信、水下目标识别等方面做了很多研究，并于2015年完成了500 kg级AUV海试水下搭载对接，实现了水下无线信息交互和水下无线充电。2017年底，哈尔滨工程大学启动了全海深的AUV研制工作，重点研究极限潜深AUV的自主决策、水声通信、水声定位、安全自救等关键技术。

在“十二五”期间，哈尔滨工程大学完成了1000 m级智水-Ⅳ的研制。天津大学完成了2000 m级海底勘测AUV的研制。哈尔滨工程大学联合中科院等国内优势单位，经过10余年的攻关，突破多项重大关键技术，成功研制出了HSU001 AUV，使我国在高性能航行器的研发和制造方面走在了世界前列。HSU001航行器长约5 m，直径约1 m，排水量约3 t，尾部采用双螺旋桨设计，保证了航行器的灵活性；扁平的头部装有大型声呐，用于探测水下目标；背部携带有2根桅杆，在不使用时可向下折叠成流线形船体。HSU001是我国海军的智能化平台，集战场环境侦察、敌情监视等多种功能于一身，是未来无人作战的典型装备（图7－44）。

图7－44　HSU001水下航行器

“悟空”号是由哈尔滨工程大学牵头设计研发的另一型水下航行器。该型水下航行器长约2 m，宽约1 m，重约1.3 t，是一款超大深度、可实现地球上所有海洋区域探测的深海无人航行器，如图7－45所示。在深海探测方面，“悟空”号AUV在马里亚纳海沟完成了4次超万米深度下潜，分别达到了10 009 m、10 888 m、10 872 m和10 896 m，超过了国外无人无缆潜水器AUV于2020年5月创造的10 028 m的AUV潜深世界纪录。“悟空”号AUV还曾在西太平洋深海科考航次中进行了5000 m级和7000 m级深潜，最大下潜深度达到7709 m，创造了我国无人无缆潜水器AUV下潜深度的新纪录。

图7－45　“悟空”号AUV

该水下航行器拥有极高的耐压强度，根据测试数据，可与母船在相距 15 km 的深海中进行上行峰值通信速率 2003 kB/s、数据包接收正确率超过 93% 的出色信息传输。2021 年 11 月，“悟空”号全海深 AUV 在马里亚纳海沟“挑战者”深渊完成了 10 896 m 的深潜挑战，标志着该型 AUV 已具备不需母船的伴随和支持，能独立进行万米水下自主工作的能力。

在极地探测任务方面，2023 年哈尔滨工程大学自主研发的“星海 1000”号极地 AUV 随中国第 13 次北冰洋科学考察队出征，完成了北极冰下环境自主探测和海冰冰底形态观测等试验任务。“星海 1000”号极地 AUV 验证了极区高纬度水下导航、水声通信、冰下航行精确控制等关键技术，为 AUV 在极地高危险区域和极端恶劣环境下科考作业积累了宝贵经验。

除了研究所和高校外，我国的民营企业也在不断推进消费级水下机器人的发展。天津深之蓝海洋设备科技公司主要从事水下设备研发和制造，ROV 产品包括“白鲨”系列和“豚”系列。AUV 产品为“橙鲨”，如图 7－46 所示。这是一款完全功能模块化的水下自主航行器，采用流线形低阻外形，应用“航行体＋十字形全动鳍舵＋单转桨”水动力方案，可搭载侧扫声呐、摄像机等设备，进行目标海域水下勘测作业。

图 7－46 “橙鲨”AUV

最近几年，我国加强了对深海 AUV 的应用投入，AUV 研究也已取得较大进步，从技术攻坚到广泛应用有了很大的进步。

AUV 的应用：民用上可用于海洋资源勘察与开发、海洋时空变化的监测、海底地貌勘测、底质采样、水下设施检查、海洋打捞、海图绘制、水下救援等，军事上可用于侦察、监视、探雷扫雷、海上预警、攻击敌舰、与潜艇对抗、破坏水下通信网络和后勤支援等领域。

8 水下滑翔机

8.1 概述

水下滑翔机(图 8 - 1)是一种借助水动力实现水中滑翔前进的无人水下航行器，它通过调整自身浮力来实现升沉，通过调整两翼的净浮力和姿态角来获得推进力，实现水下滑翔并收集水下信息。它具有能源利用效率高、噪音低，可长时间连续、大范围进行海洋环境观测与探测的优势。

图 8 - 1　水下滑翔机

国外早在 20 世纪 90 年代初就开展了水下滑翔机的研究工作，美国一直是该技术的先驱者和领导者。1989 年，美国的 Henry Stommel 首次提出“水下滑翔机”的概念。1991 年，美国 Teledyne Webb Research(TWR)公司成功研制首台 Slocum 水下滑翔机。目前国外水下滑翔机的最大设计巡航里程已达 10 000 km，美国 Slocum 水下滑翔机早在 2009 年就连续航行 221 d，航程达 7409.6 km，完成了横渡大西洋的任务。

随着水下滑翔机单体技术的成熟和多机协同观测、网络观测技术的快速发展，美国从 20 世纪 90 年代开始建立自主海洋采样网(autonomous ocean sampling network，AOSN)，并进行了一系列技术升级和应用试验。水下滑翔机的网络观测已纳入综合海洋观测系统(integrated ocean observing system，IOOS)网络计划。水下滑翔机协作与编队观测技术已广泛应用于国际上几乎所有重要的海洋观测系统和海洋观测计划中。

国内对于水下滑翔机的研究虽起步较晚，但近年来对水下滑翔机研发的投入力度较大，水下滑翔机的样机研发及应用有了较大的发展，取得了骄人的成绩，打破了西方在水下滑翔机领域对我国的技术封锁。目前，水下滑翔机的研发工作主要有中国科学院沈阳自动化研究所、天津大学、中国海洋大学、华中科技大学、中国船舶重工集团有限公司第七一〇研究所5个单位，它们分别研发了自己的原理样机，并进行了相应的湖试和海试，取得了一定的发展成果。

我国最早成功研制的水下滑翔机“海燕”号由天津大学深海智能装备团队主体研发，自2002年起，经过20余年的发展，已在工作深度、续航里程和传感集成应用等主要方面实现了谱系化发展。

2002—2005年，天津大学“海燕”团队研发了一种温差能水下滑翔机。2009年，“海燕”(Petrel)水下滑翔机研制成功。2020年7月，“海燕-L”号在马里亚纳海沟附近布放，并于2021年1月在南海附近海域回收，这次海上试验的最远航行距离达5506 km。截至2023年4月，“海燕-L”水下滑翔机最长续航时间已超300 d，最远航行距离超过了5500 km。“海燕”系列水下滑翔机可以满足远距离、长时间、多潜深的深海观测与探测应用需求，推动并引领了中国水下滑翔机技术的发展。在研发试验过程中，天津大学深海智能装备“海燕”团队不断攻关技术难题，积极共享水下滑翔机总体设计、浮力驱动、能源动力、协同组网以及海上试验应用等关键技术成果与经验，为我国无人水下航行器技术的快速发展提供了参考。

尽管水下滑翔机技术近年来在我国得到了快速发展，一些功能性指标(如大深度等)不断赶超国外先进水平。然而，由于我国水下滑翔机技术的发展起步较晚、研究基础薄弱，在平台单体技术、协作组网观测和应用研究等方面与国外先进技术相比仍有较大差距，创新发展步伐有待加快，任重而道远。

首先，在已有技术的基础上，进一步加强关键核心技术攻关，加快单体水下滑翔机的技术改进和优化升级。

其次，在前期技术经验积累的基础上，加强多水下滑翔机编队协同组网观测技术研究，提升水下滑翔机整体作业效率和观测及探测效果。结合科学研究、资源环境调查及目标探测等国家战略需求，开展多水下滑翔机移动分布式节点的水下互联互通、自适应采样、多机协调编队及快速机动组网等技术攻关，增强水下滑翔机大规模集群观测与探测能力，特别是加强与水下异构节点的组网观测，并逐步从水面、水下拓展到海、陆、空、天，组建一体化观测信息网络，在水下滑翔机和其他异构节点种类及数量规模、组网观测覆盖范围、多机任务规划、系统稳定性、观测效率及业务化等方面不断提升水下滑翔机的综合协同组网观测能力和水平。

最后，加强水下滑翔机观测的功能拓展和海洋科学应用研究。重点解决目前水下滑翔机机构类型、作业模式、观测功能单一，载荷搭载能力弱，与实际应用结合不够紧密的问题。如结合仿生原理积极探索异构新概念水下滑翔机及混合能源(如温差能、盐差能等)推进型水下滑翔机，提高复杂海洋环境下的适应能力；研究大型高速水下滑翔机(如大翼展水下滑翔机等)，提高多参数传感器快速观测能力；积极引入互联网、人工智能和大数据分析等技术，提升水下滑翔机智能信息感知、自主判别决策、人机快速协同和处理突发紧急情况的应对能力；此外，在物理海洋和生物地球化学等领域积极开展科学研究，加强与相关行业部门及地方的结合，拓展应用业务领域。

目前，水下滑翔机发展目标有以下几点。

1. 模块化

水下滑翔机无论从设计上，还是搭载的测试仪器方面，都体现了模块化。设计中通过模块化的舱段，提高了设备可靠性与安装调试效率。选择搭载不同的测试仪器功能模块，可快速满足不同作业任务的需求。

2. 低功耗技术

能耗决定了水下滑翔机的航行范围和工作时间，降低功耗对水下滑翔机至关重要。水下滑翔机的水平航行速度决定了在能耗一定的情况下所能巡航的距离，航行时阻力大小随着速度的提升而快速增加。从减阻的角度，需要水下滑翔机的航速越低越好；从航程的角度，需要航速越高越好。因此选择一个节能航速对权衡水下滑翔机航程与使用的功耗具有十分重要的意义。

3. 向深海型发展

随着对水下滑翔机技术研究的逐渐深入，深海型滑翔机的研究逐渐成为新方向、主旋律，该类滑翔机可在水下全天候独立工作，在海洋科学、海洋军事与经济等领域发挥着重要作用。

4. 多传感器

随着技术的发展，水下滑翔机可搭载的传感器越来越多，这样获得的水文资料更加详细，更利于海洋的科学研究。

5. 运输效率提高

随着水下滑翔机对负载运输能力需求的提高，水下滑翔机正朝着大型化或新型结构方向发展。①在给定水下滑翔机内部体积的情况下，尽量增大浮力发动机的体积；②制造更大体积的水下滑翔机；③增大水下滑翔机机翼面积与浸湿面积之比；④在不减小水下滑翔机机翼翼弦的情况下，尽量增加机翼的长宽比。

8.2 组成

水下滑翔机一般由多个部分组成，包括姿态调整装置、浮力系统装置、控制中心、耐压舱、传感器、电池包、天线以及整机外形(包括机翼与尾翼)等，如图8-2所示。水下滑翔机总体设计阶段一般根据设计需求，考虑其工作任务和工作环境(如工作深度、续航里程和任务需要采集的信息等)来决定其各种组件的体量、类型及材料等，即每个分系统的具体参数。

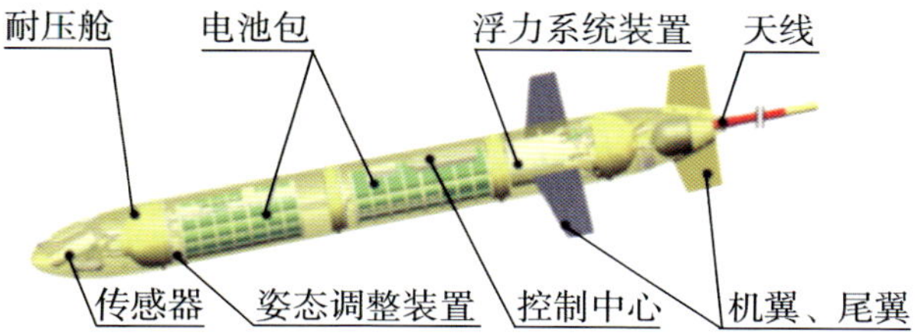

图8-2　水下滑翔机主要组成部分

8.2.1 姿态调整装置

水下滑翔机是一个复杂的技术平台，为特定任务准备合适的滑翔机是件不容易的事。在投放到现场之前，必须在实验室经过压载过程，以确保滑翔机的正常运行。如果滑翔机过轻，则无法达到最大操作深度，如果过重，则很可能无法返回水面。

压载是在给定的水密度范围内增加或减少重量来调整滑翔机的过程。初始压载是在充满一定温度和电导率的海水的试验舱中进行的，然后通过滑翔机的临界温度测量水箱水的温度和电导率，最后用一个软件程序来计算重量，该重量必须加到或减到滑翔机上，以达到目标水性能的最佳浮力。

为了配平飞行参数，如在俯仰和滚转中心，还需要在部署区进行几次初始浅潜时的试验压载。潜水测试完成后，滑翔机被编程潜入最大深度，真正的任务就可以开始了。由于对滑翔机性能的永久实时监控，当滑翔机在水面上时，可以使用卫星通信系统进行必要的调整。例如，在亚热带和热带水域，必须考虑生物污损。特别是，如果滑翔机是一种在海洋上层透光层工作的浅水型滑翔机，阳光会使滑翔机外壳上生长贻贝和藻类。在这两种情况下，由于增加了额外的重量，滑翔机都有失去浮出水面能力的危险。水下滑翔机通过姿态调整装置对运动过程中的姿态进行调整，实现不间断上浮下潜及向前行进，运动过程见图 8 - 3。

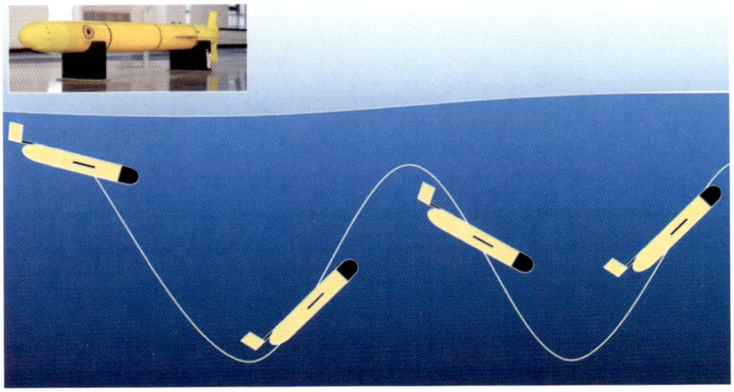

图 8 - 3　水下滑翔机姿态调整装置工作过程示意

8. 2. 2　浮力系统装置

水下滑翔机融合了浮标技术、潜标技术及水下机器人技术，利用鱼鳔的工作原理，是依靠自身重力与浮力平衡关系推进的带翼无人水下航行器，其本身并无螺旋桨等主动推进装置。用于调节水下滑翔机重力与浮力关系的是安装于水下滑翔机内部的浮力变化发动机(简称“浮力发动机”)，浮力发动机利用布置于湿端的柔性囊调节排水体积，实现上浮与下潜，利用机翼或机身内部可前后移动的质量滑块(一般为电池包)形成俯仰力矩，在上浮下潜的过程中保持稳定的攻角滑行。在滑行过程中，仅在水面或水下预定深度调整姿态时消耗少量能量，部分水下滑翔机甚至可以在水面接收太阳能或在滑行过程中利用不同深度的海水温差产生能量，因此非常节能。目前水下滑翔机的转向方式主要有两种，一种是通过质量滑块的横向移动或不对称电池包的旋转形成横滚力矩，另一种是通过转向舵实现转向。因此水下滑翔机在运动中必须通过上浮下潜才能前进及转向(水下滑翔机没有后退功能)，故在无强海流干扰的理想条件下，其运动路线为锯齿形(亦称“之字形”)。在水下滑翔机上浮至海面附近时，利用安装于尾部的通信天线可向外发出其搭载传感器搜集到的数据，实现与空中及水面等平台的双向通信。水下滑翔机巡航速度一般小于 1 kn，其控制系统及传感器负荷所消耗电能也非常低，平均不超过 1 W，一些滑翔机的续航时长可以超过 6 个月(3000 km)。

目前水下滑翔机的浮力发动机主要有两种，一种是基于油液的闭式回路浮力发动机，主要用于剖面滑翔机，该种浮力发动机与潜艇压载系统类似；另一种是基于海水的开式回路浮力发动机，主要用于长途滑翔机。这两种浮力发动机通常仅由小型电泵驱动，电泵在工作过程中仅产生低水平间歇自噪声，水下声学目标强度低，隐身性能好，适用于被动水下监测应用或需要隐身特性的应用。相比于基于海水的开式回路浮力发动机，基于油液的闭式回路浮力发动机的缺点是需要一直携带工作流体(油液)，导致滑翔机净浮力调节幅度范围较小，约为开式回路浮力发动机的 50%，姿态调整相对不灵敏，动力相对较弱。且在滑翔机浮力调整过程中，油液在压力突降时，容易由液态变为气态，造成排水体积膨胀，不利于浮力调整。如图 8－4 所示，当浮力装置体积变小，重力大于浮力，水下滑翔机获得向下前进的动力；当浮力装置体积变大，浮力大于重力，水下滑翔机获得向上前进的动力。

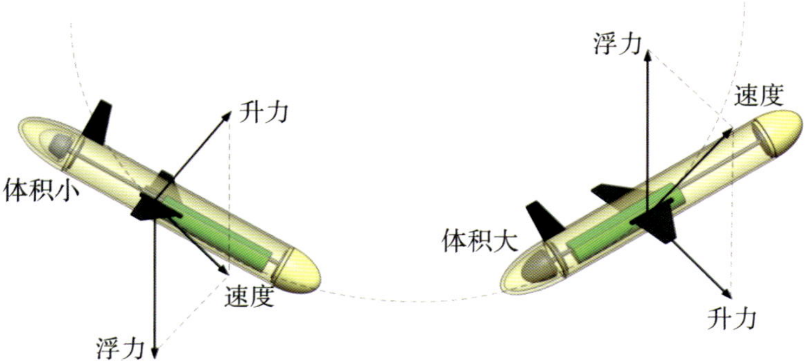

图 8－4　水下滑翔机浮力系统装置工作过程示意

8.2.3　控制中心

控制中心是水下滑翔机的中枢，控制着水下滑翔机的整个工作过程。水下滑翔机工作深度、上浮下潜时间的控制，皆需要控制中心来发送指令完成。

8.2.4 耐压舱

耐压舱负责承受水体压力，用来保护不能暴露在水体中的重要组件，如部分浮力驱动系统零件、控制器和电池包等；耐压舱外的组件则完全浸入水体中，如油囊和传感器等。水下滑翔机通常以下潜—上浮为1个工作周期，进行海洋观测和探测任务。浮力驱动系统位于耐压舱段内，其自身的泵阀等系统部件协同工作，将系统内部液压油推入“外油囊”以实现自身体积膨胀，增加水下滑翔机整机浮力，实现滑翔机的上浮，反之下沉。圆柱形耐压舱壁、整流罩、机翼、尾翼和天线是水下滑翔机整机水动力外形的重要组成部分，直接承受着水下滑翔机航行运动时的流体力，而机翼可以为水下滑翔机在下潜、上浮过程中提供升力从而使其向前行进。耐压舱内的姿态调整单元可以通过控制电池包的移动来改变水下滑翔机的重浮心相对位置，从而实现水下滑翔机的转弯等机动动作。天线负责水下滑翔机的海上指令和数据传输等通信动作。

8.2.5 传感器

如果没有测量海洋参数的传感器，滑翔机本身及其所有的通信、导航技术和浮力引擎最终是没有价值的。

每架滑翔机可以携带一定数量的传感器，这些传感器可以安装在模块化的中央有效载荷舱（slocum）、直接安装在壳体上（seaglider，spray）或者安装在机壳的尾部（slocum，seaglider，spray）。目前的传感器类型多种多样，包括CTD、溶解氧传感器、叶绿素传感器、回声测深仪、ADCP/DVL以及硝酸盐和湍流传感器。还有酸碱度传感器、二氧化碳传感器和荧光计。

水下滑翔机集成水听器、深海相机、温盐深仪、湍流仪、流速计和磁力仪等声光电磁和重力等小型低功耗传感器，可以对海洋多要素环境进行长时间、精细化、连续性的剖面观测。

所用传感器的数量和类型取决于任务的主要目标。例如，为了监测生物质量，必须安装回声测深仪，而反向散射和浊度对石油勘探很重要。对于环境监测，需要化学、光学和物理传感器。对于监测人为噪声，支持地震监测行动或支持反潜雷达监测系统更为关键。因此，使用的传感器越多，可以提取的信息就越多。然而，目前的趋势不是部署一架滑翔机，而是部署一队装备不同传感器套件的滑翔机。

最后，传感器需要满足高可靠性、低成本和良好的流体动力学特性。最大的挑战是它们的尺寸和能耗都能最小化，因为滑翔机科学有效载荷的能力和所能携带的能源都是有限的，所以今后的发展趋势是各类传感器都采用集成化的方式。

8.2.6 电池包

滑翔机携带的能源多少决定滑翔机在回收之前能在水中停留多长时间，因此能源多少决定了滑翔机能够执行多大的任务。

由于浮力泵消耗了大部分(约 70%)可用能量，潜水深度和海水分层参数就显得非常重要，当潜水深度大、速度慢，并且运行在密度变化很小的水中时，滑翔机电池的寿命越长。

其他设备如处理器、遥测仪器、科学有效载荷都使用锂电池。一方面，锂电池具有高能量密度，因此可以用于多次布放，减少任务准备时间；另一方面，它们被认为是一种危险材料，因此使用这种电池的滑翔机在运输和搬运过程中会更加困难。

8.2.7 天线

滑翔机使用卫星系统实现海面与任务控制中心之间的通信。天线可以装在尾翼、尾绳或机翼上。当滑翔机需要进行通信或获取 GPS 定位时，它们会升到水面以上。然而，在高海况下，通信系统的性能可能会下降，但是滑翔机通常有足够的内存用于信息缓冲和数据存储。

滑翔机频繁浮出水面使用 GPS 可以对飞行参数进行调整，也可以对诸如温度和温跃层特性进行优化。即使对于冰下航迹，也已经开发出来了通信解决方案。集成到滑翔机中的声学接收器可以用来取代不可用的 GPS 信号，并最终使用冰覆盖环境中的远程导航。

8.2.8 整机外形(包括机翼与尾翼)

1. 动力引擎

水下滑翔机与普通的水下自主航行器原理不同，水下滑翔机是一种不依靠外挂推进装置作为运动动力的设备。它是由重力与浮力的合作用力(净浮力)驱动，通过沿主轴移动重物块调整自身重心和浮心的相对位置改变俯仰姿态，通过尾舵摆动或相对主轴旋转重物块改变横滚姿态，借助机身和固定尾翼的水动力分量产生横向和侧向位移。水下滑翔机创新性地实现了水下滑翔机在垂直剖面内的锯齿状滑翔运动和空间转向运动。

滑翔机动力引擎的总体原理是通过改变滑翔机的外部体积，从而改变滑翔机的浮力。体积变化的原理是通过在内胆和外胆之间来回泵送低黏度液压油，或通过将海水推入或推出空腔来实现的。因此，滑翔机的质量保持不变，但其密度相对于周围的海水环境发生变化，从而使自身位置上升或下降。

2. 机壳

滑翔机的机壳非常重要，需要提供流线形的流体动力学形状，以抵抗外部压力，从而保护内部电子设备。此外，还需要确定行进阻力和整体可压缩性，它们对重要的操作参数有影响，例如，持续时间、布放成本，尤其是电动滑翔机。

滑翔机的机壳结构各不相同。Seaglider 滑翔机的机壳构造最复杂，由玻璃纤维整流罩和铝制机壳组成，可压缩性小，这种壳体结构可以节省引擎泵送能量，因此允许更大的操作深度。外部和内部机壳之间的任何滞留空气在每次潜水前都通过集成在整流罩中的气口排出。

8.3 关键技术

水下滑翔机作为无人水下航行器装备体系中的重要成员，是一种依靠调节浮力实现升沉、借助水动力实现水中滑翔的新型水下机器人，具有尺寸小、功耗低、航速慢、航程远、续航时间长、自主性高、制造和维护成本低等特点，能够满足长时间连续、大范围、三维连续海洋探测的需求。

其关键技术主要为环境感知技术、环境重构技术、水下通信与定位技术、智能决策技术等(图 8-5)。水下滑翔机的研究内容涉及水下无人平台结构与水动力、水下定位与导航、自主控制、动力推进、任务载荷、任务自适应规划、数据传输与通信、目标自主探测与跟踪、目标属性自主判别及共性基础技术等领域，是国际上研究的热点。

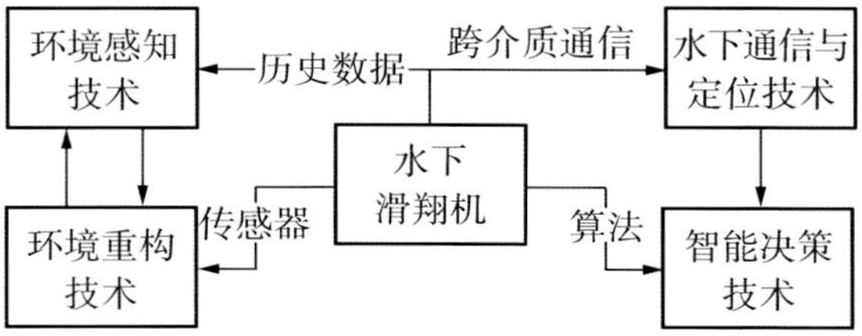

图 8-5　水下滑翔机关键技术

水下滑翔机属于水下无人平台自主探测的研究领域，其在环境观测型水下滑翔机技术基础上，综合考虑了平台电磁兼容性及声学特性，搭载声学传感器及信号处理系统，具备海洋环境噪声采集、水声信号采集、声纹记录、数据处理及上浮通信等功能，可用于完成敏感海域或拒止区域移动目标自主探测、跟踪、属性判别和信息回传等任务。

8.3.1　环境感知技术

所谓环境感知技术，是指水下滑翔机在执行任务的过程中对自身所处的环境进行分析与感知的一种技术。海洋环境复杂多变、海洋生物动态多样、海洋洋流因受多种因素的综合影响而变幻莫测，这些因素都会加大水下滑翔机对海洋环境探测与感知的难度。环境感知技术对于水下滑翔机在执行任务过程中的障碍躲避、定点采样、反潜侦察具有很大的影响，因此，提升水下滑翔机的环境感知技术水平意义重大。在环境感知这个过程中，任务传感器是最关键的一步。目前，水下滑翔机在执行任务的过程中主要通过携带的温盐深传感器来测量海洋环境中海水的导电率、温度和深度等参数，不同的观测任务需要水下滑翔机携带不同类型的附加传感器，任务传感器系统获取信息能力的大小与精度直接决定了水下滑翔机感知能力的强弱。此外，实时获取水下滑翔机自身的位置、速度和姿态等信息也能更好地进行环境感知。在以后的研究中，还需要将任务传感器所测得的信息与算法进行融合，实现水下滑翔机在复杂海洋环境中对目标及其自身运动信息准确、可靠、鲁棒的理解。与此同时，利用声学与光学传感器，可测得水下滑翔机及其海洋环境的实时数据，将数据中的关键特征信息予以提取并对数据进行处理，可分别在大范围大尺度和局部区域小尺度上进行海洋环境的建模，保障水下滑翔机在复杂海洋环境下的运行。

8.3.2 环境重构技术

环境重构技术是指水下滑翔机在进行路径规划之前，需要将航行所处海洋环境的洋流、温度、盐度等参数尽可能精确地进行数学物理建模，将原始的外部信息更改为适于路径规划的内部环境工作形式。但是，初始构建的数学物理模型与真实的海洋环境存在一定的差异，这就需要水下滑翔机在到达海面后，通过 GPS 将其在该水下滑翔周期所获得的参数信息传输至电脑端，在电脑端经处理后再用于修正初始数学物理模型，达到精确反映真实海洋环境的效果。准确、合理的建模方法对于路径规划至关重要，合理的建模方式能够有效减少路径规划中的计算量，减少水下滑翔机重新规划路径所需要的时间。现有的海洋建模技术主要分为两种形式：数学建模和图形建模。数学建模主要有拉格朗日海流建模和 B 样条曲线等，图形建模主要有 Delaunay 和可见性图空间模型等。水下滑翔机的任务多种多样，包括长航程采样、短航程不同深度的采样等。对于长航程探测任务，一般要求海洋模型中洋流的精确度高；对于短航程不同深度的采样，则一般要求海洋模型中温盐参数的准确度高。根据水下滑翔机任务的不同，路径规划选用的方法不同，所需环境模型的类型与精度也不同，因此需要根据任务的需求选用合理的环境模型。将现有的模型融合，同时开发新型的环境建模方法对于水下滑翔机的路径规划发展具有里程碑式的意义。

8.3.3 水下通信与定位技术

要从一个航路点到达下一个航路点，滑翔机必须沿着水下的特定轨迹飞行。这种有针对性的水下运动称为“飞行”，其特征参数有两个：滑翔角和航向。为了能够调整这些参数，滑翔机的实时性能必须被持续监控。因此滑翔机导航既包括监控性能，也包括随后对滑翔角和航向的调整。监控可由电子罗盘传感器模块执行，该模块结合了 3 轴磁力计和 2 轴倾角传感器。滑翔角和航向的调整分别由俯仰和滚转控制，通过内部电池组的轴向平移和旋转来实现，这种转弯半径通常为 20 ～ 30 m。

在飞行轨迹中调整飞行路径的参数时，需要考虑滑翔机导航的另一个重要参数——外部洋流的速度和方向。为了考虑到这种影响，三种滑翔机都在水面使用了 GPS 系统导航，对控制的航路点进行精确定位。洋流如潮汐可以被利用起来将滑翔机引导到某个位置，从而节省泵送能量。例如，在不利的海流方向(如落潮)将滑翔机部署在海底，并在海流方向发生变化(如洪水)时从海底收回滑翔机。应该注意的是，这种操作可能危及整个任务以及滑翔机本身，除非用户完全了解任务区的三维潮流。

水下滑翔机的运行周期分为水面悬浮接收信号发送所测数据与水下滑翔采样两部分，其中水下工作时间约占整个滑翔周期的 80% 以上。若能实现水下滑翔机在水下的精确通信与定位，路径规划的精度将会得到大跨度的跃升。然而，深海通信与定位面临着环境复杂、信息源缺乏的局面，技术突破难度大，导致当前的深海通信在通信质量与稳定性等方面均不理想。发展高精度、高效率、高可靠性的新型深海通信与定位技术成为未来深海探测的关键环节。目前，水下滑翔机的水下通信主要涉及液体介质中信号的传播以及液体到气体的跨介质信号传播，其中存在的技术难题均使水下通信技术难以真正应用到工程航行中。当前，利用声学进行水下定位是最通用的方式，该方式采取的是将一个紧凑、小巧的声基阵搭载于载体上来实现水下定位，适合远距离通信，但是信号有所延迟，会受到噪声干扰。光视觉技术也被研究用于水下通信，其在水中的精度高，能够近距离引导，但效果会受到光背景变化的影响。电磁在水中定位与通信方面具有全方向传播的优点，但传播距离小于 30 m。未来，可融合不同方式来进行探测，或将不同方式所获取的信息融合处理，以实现水下滑翔机在水下的精确定位。水下滑翔机的水下精确定位能同时解决水下精确点采样和路径跟踪等问题，但该项技术还需要进行大量的研究与试验，以验证其可行性。

8.3.4 智能决策技术

智能决策技术主要是指将人工智能与决策支持技术相结合，以使决策支持系统能够充分学习人类知识的一种技术，如关于决策问题的描述性知识、决策过程中的过程性知识、求解问题的推理性知识等，通过逻辑推理，来帮助解决复杂的决策问题。智能决策技术将人机交互、模型库系统、数据库系统有机地结合了起来。水下滑翔机在海洋中运行时会遇到大量的决策问题，例如，当遇到一个动态障碍时，是继续航行还是避让等。决策问题体现在水下滑翔机的路径规划、定点采样与障碍避让等任务执行的各个方面。针对不同的决策问题，需要训练不同的模型。目前，Q Learning、DQN、Sarsa 以及迁移学习等方法均具有成熟的训练框架。在应用过程中，可将水下滑翔机所处的海洋环境以及自身运动模型、滑翔运动方式引入训练框架，利用以往的滑翔数据训练出高准确率的快速决策模型。错误的决策会导致水下滑翔机与动态障碍相撞而产生不可弥补的损失，智能决策是水下滑翔机路径规划的核心技术，对路径规划具有重要意义。人工智能技术发展迅速，尤其是深度学习和神经网络的发展，可使机器决策的准确率得到极大提升。在接下来的发展中，还需模仿人类的直觉预测方式，并对行为进行相应的调整，以真正适应水下滑翔机所处的动态海洋环境，从而使水下滑翔机能够在海洋深处的更复杂环境中正常工作。

8.4　应用现状

水下滑翔机是一种主要依靠调节“重浮力差”实现升沉，借助水动力实现水中滑翔前进的新型无人水下航行器，具有长航程、全天候、自治式的特点。水下滑翔机凭借其优势，已成为海洋长时序移动式观测与探测的重要水下平台之一，在海洋资源开发利用，海洋水文信息监测及海洋灾害预警、预测等方面发挥的作用日益凸显。适用于“中尺度”及以上甚至部分“亚中尺度”的物理海洋现象观测、生态环境调查和海洋安全保障等工作。水下滑翔机为海洋大数据分析、数值预报等重要应用领域提供了现场、准确、实时的测量数据。水下滑翔机在军事和国防领域也发挥着重要作用。

水下滑翔机是一种遥控水下运载工具，任务执行时长可达数月，即使在恶劣的环境下也能航行数千公里。根据它们搭载的有效载荷，它们可以用于不同的具体的研究任务，也可以用于环境监测。

9 波浪滑翔机

9.1 概述

波浪滑翔机是一种利用波浪动力推进，吸收太阳能为通信、定位、控制、导航及数据采集系统供电的新型海洋移动观测平台。其特有的双体结构可有效利用环境能源为自身长周期、不间断的环境探测和数据采集提供源源不断的动力，是目前唯一不需要外部能源供给即可实现长周期海洋环境作业的无人航行器，可实现远海大洋的长时期大范围观测。目前已广泛应用于海洋环境观测、科学考察、石油及天然气探测和军事领域。图 9－1 为“蓝鲸”号、“海鳐”号及“海哨兵”号波浪滑翔器。

图 9－1 “蓝鲸”号、“海鳐”号及“海哨兵”号波浪滑翔器（来源：水下无人系统学报）

波浪滑翔机起源于美国，国外对波浪滑翔器的研究主要集中在液体机器人公司，目前该公司已完成 SV2 和 SV3 两款波浪滑翔器的产品化，并在多个领域进行了应用。大约在 2005 年，Roger 与 Joseph 两人合力研究并发明了波浪滑翔机，意在研究驼背鲸日常的活动和发声，经过多次试验和改进，他们成功地生产了第一台原型机。由于波浪滑翔机在海洋环境监测方面功能强大，2007 年 Liquid Robotics 公司成立后，专门研究波浪滑翔机的开发与制造。2008 年，Liquid

Robotics 公司推出了 SV2 波浪滑翔机。SV2 是世界上第一台波浪滑翔机，开辟了波浪滑翔机研究的先河。而后其又研制出 SV3 波浪滑翔机，它成为第一款商业波浪滑翔机，标志着波浪滑翔机研究技术趋于商用化。SV3 是 SV2 的升级版本，其最大的变化是增加了一个云操作平台，实现了船岸一体化的运行。该平台使得运营商可以在云端创建模拟机器人环境，并在其中运行波浪滑翔机的场景，实现端到端的情报、监视和侦察网络的枢纽能力。如图 9－2 所示为 SV2 和 SV3 波浪滑翔机。表 9－1 为 SV2 和 SV3 的结构数据对比。2009 年，海洋生物研究所深海锚泊浮标附近部署了一架名为“Monterey Bay”的波浪滑翔机，Monterey Bay 一直保持在以浮标作为圆心、直径为 100 m 的范围内，收集锚系浮标周围的海洋环境数据。通过与锚系浮标上搭载的传感器所测得的数据对比，二者之间的数据除了温度略有差别外，其他数据匹配良好。Liquid Robotics 公司于 2011 年 11 月推出 PacX 挑战项目，目的是使 4 台波浪滑翔机能够跨越太平洋，对海洋数据进行实时的采集与传输，并且将相关数据免费公布。这些波浪滑翔机经过 4 个月和 5900 km 以上的行程，顺利到达夏威夷。其中 2 台后来改道去澳大利亚，剩下的 2 台继续前进到达日本。2013 年 2 月，本杰明号波浪滑翔机在澳大利亚取得了巨大成功，并创造了水面无人航行器在水面上航行最长距离的吉尼斯世界纪录。这一成果显著提高了公众对波浪滑翔机的认可度。2016 年，美国 Liquid Robotics 公司与日本合作，主要利用波浪滑翔机在日本相关海域建立观测网，利用滑翔机编队控制对相关海域进行全面彻底的监测，该海洋监测网络为世界海洋的研究提供了大量的研究数据。2019 年，Liquid Robotics 公司发布新一代波浪滑翔机，在前一版基础上，对产品规格进行改进，使启动操作简单化，并且加入平台的强化功能，以应对极端海况。

图 9－2　SV2（右）和 SV3（左）波浪滑翔机

表 9－1 SV2 和 SV3 的结构数据对比

型号名称	SHARC SV2	SHARC SV3
浮动尺寸	210 cm × 60 cm	290 cm × 67 cm
滑翔机尺寸	40 cm × 191 cm	21 cm × 191 cm
水翼翼展	107 cm	143 cm
重量	90 kg	122 kg
续航时间	>1 年(定期保养)	>1 年(定期保养)
水流速度	0. 5 kt(SS1)，1. 3 kt(SS4)	1 kt(SS1)，1. 7 kt(SS4)
浮深额定值	短时间浸没至 2 m	短时间浸没至 2 m
电池	665 Wh，锂离子可充电电池	980 Wh，锂离子可充电电池
太阳能	86 W(峰值)，用于电池充电、电子设备和有效负载	170 W(峰值)

国内波浪滑翔机技术的研究始于 2010 年前后，经过多年发展，我国在无人自主海洋航行器的研究方面成果显著。以中国海洋大学孙秀军教授领导的团队为例，其团队成功自主研发了名为“黑珍珠”号的波浪滑翔机，并在南海和青岛进行了大范围的路径测试与远程遥控与通信，取得了很不错的试验结果。由中国船舶重工集团有限公司第七一〇研究所研制的名为“海鳐”号的波浪滑翔机在海洋测试中表现出色，其各项性能指标均达到世界先进水平。该波浪滑翔机具有精确的路径控制，利用北斗通信进行定位，可靠性高，也可以针对不同的任务要求，独立携带不同型号的传感器和其他装置进行远洋作业，有着广阔的市场前景。2019 年 7 月，国家海洋技术中心自主研发出三架“蓝鲸”系列波浪滑翔机，经过十天夜以继日的工作，顺利完成任务并平安回收。这是一次在大风浪环境下进行多平台协同作业的成功案例。这一观测实验充实了海洋数据库的数据，并在国内第一次利用波浪滑翔机进行立体组网观测，为全国综合立体海洋观测网络的建立打下了坚实的基础。同时，体现我国在实现建设海洋强国的目标方面取得了重要进展。总的来说，这些发展表明了波浪滑翔机在海洋观测方面的巨大潜力，同时波浪滑翔机的路径规划研究对海洋环境观测也具有重要意义。

图 9－3 为“深蓝号”波浪滑翔机在三亚湾自主航行。图 9－4 为海上布放的波浪滑翔机。

图 9-3 “深蓝号”波浪滑翔机

图 9-4 海上布放的波浪滑翔机

9.2 组成

波浪滑翔机是近十年涌现出来的一种新型海洋无人航行器，它利用其特殊的双体结构转换波浪起伏为前向动力，而且在水面船体安装有太阳能电池板，可以利用太阳能发电。波浪滑翔机具有自主导航、路径跟踪、位置保持和远程操控等功能，该平台搭载卫星通信模块可以实现与岸站实时通信，同时该平台可以为负载提供持续的电源供给，完成长时间的海洋实时观测。

波浪滑翔机主要包括水面船体和水下牵引机，二者通过 4 ～ 7 m 柔性吊缆连接。主控系统安装在水面船体内部，太阳能电池板和通信导航设备安装在水面船体上方；水下牵引机由主框架和水翼组成，其尾部设置有舵机转向系统，结构组成如图 9-5 所示。

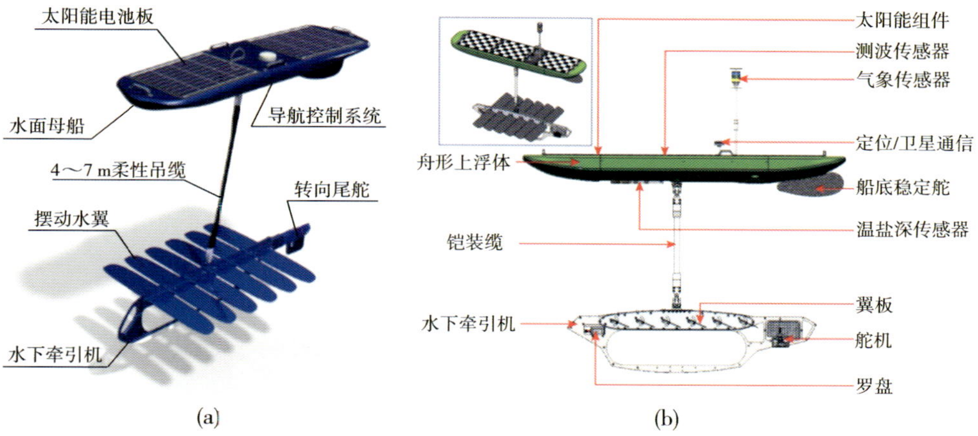

图 9－5　波浪滑翔机组成

波浪滑翔机一般应配备机体、导航控制系统、动力及能源管理系统、通信系统、任务及传感器系统等。

9.2.1　机体

波浪滑翔机机体由两部分组成：水面体和潜航体，两者用拖带索相连，确保潜航体在波高浪急的时候依然稳定地在水下。舟形上浮体具有较小的阻力和较大的浮力，可随波上下振荡。水面体一般像滑水板一样扁平，但为了增加载荷容积和加强自翻正能力，也可采用 V 形船体。潜航体一般就是接近鱼雷的形状，不过两侧各有一排桨叶，好像百足虫一样。桨叶可以自由上下翻转，但在正负 45°(或者差不多的位置)锁定，不能过度翻转。

水面船体主要由双浮筒组成，在浮筒两侧分别安装两块太阳能电池板，在水面船体上面分别安装微风储能装置、波浪发电装置、太阳能、GPS 天线、航标灯以及激光雷达、摄像头等传感器设备，船体舱内装有蓄电池和控制系统，对风能、太阳能、波浪能“三能合一”的电能进行储存控制输出，水面船体尾部安装有可转向推进器，以实现在海面上无风无浪的时候依然能通过存储的电能进行航行，实现在海上可持续不间断地工作。水下滑翔体作为整个波浪滑翔机平台航行的主要动力来源，主要由主支撑龙骨和侧翼板组成，龙骨前方可选择安装水下摄像头，来对海底世界进行监测避障和浅海地形成像；龙骨尾部安装有舵机，可实现波浪滑翔机的转向操作。

波浪滑翔机作为一种新型海洋航行器，可以将吸收的波浪能转化为前进的动能，使其能够在海洋上长期航行。波浪滑翔机主要由水面船体、水下滑翔体以及连接它们的缆绳构成。水面船体是吸收波浪能的主要部件，上面安装有太阳能板、微风储能装置以及波浪发电装置，能够将捕获的电能储存在舱内蓄电池里，作为波浪滑翔机的辅助动力来源，在海洋上无风无浪的时候为其提供能源供应；缆绳在连接船体和水下滑翔体的同时还将自身所受到的力进行传递；水下滑翔体作为波浪滑翔机的“发动机”，在运动过程中跟随波浪的起伏翼板向上向下翻转，产生向前的推力；安装在水下滑翔体后侧的方向舵则可以对波浪滑翔机航行方向进行控制。

将波浪滑翔机在波浪中的运动分为两种情况：

(1)波浪滑翔机处于上波面，波浪滑翔机迎着波面从波谷向波峰开始运动，此时连接船体和水下滑翔体的缆绳处于绷直状态，水下滑翔体受到水面船体给缆绳产生的拉力，水下滑翔体在向上运动的过程中翼板会受到海水给其向下的阻力，水动力的作用使得翼板顺时针向下摆动至一定角度，在缆绳拉力和水动力的共同作用下产生了使水下滑翔体向前的推力。

(2)波浪滑翔机处于下波面，波浪滑翔机迎着波面从波峰向波谷开始运动，此时缆绳处于松弛状态，水下滑翔体受到向下的重力作用向下移动，同时翼板在水中受到向上的阻力，水动力的作用使得翼板逆时针向上摆动至一定角度，在自身重力和水动力的共同作用下同样产生了使水下滑翔体向前的推力。

就这样，波浪滑翔机随着波浪的起伏不断向前推进，重复上一个过程。只要有波浪，波浪滑翔机就有前进的动力，因为不管波浪的方向如何，水下滑翔体上的翼板都能将波浪能转换为水平方向前进的动能。可见波浪滑翔机翼板的各项构成具有重要作用，它们可以显著影响滑翔机的航行效率和性能。因此，国内外学者也进行了大量研究，以探索最佳翼板为目标设计参数，来提高波浪滑翔机的性能和效率。

波浪滑翔机通过沿着上波面上升和下波面下降的运动，将波浪能转化为机械能，从而使其向前运动。在这个过程中，水面船体和水下滑翔体将受到不同的力，对这两个运动过程中水面船体和水下滑翔体的受力进行单独分析。在整个波浪滑翔机沿着上波面上升的过程中，水面船体受到海水对其向上的冲击力，进而将力传递给缆绳拉动水下滑翔体向上运动，翼板顺时针向下摆动，受到海水对其向下的阻力，两者产生的合力形成了向前的推力，再次通过缆绳传递，带动水面船体向前运动；波浪滑翔机沿着下波面下降的过程中，水面船体在重力的作用下下降，缆绳松弛，没有拉力产生，水下滑翔体也在重力的作用下向下运动，翼板逆时针向上摆动，受到海水对其向上的阻力，两者产生的合力形成了向前的推力，缆绳慢慢处于绷直状态，带动水面船体向前运动。

9.2.2 导航控制系统

在导航系统方面，包含导航定位系统及惯导系统，以接收实时经纬度数据及姿态数据。其中，在机体控制系统方面，波浪滑翔机水面载体应加装方向舵与舵机控制系统，实现平台的方向控制。

9.2.3 动力及能源管理系统

波浪滑翔机在海洋表面与起伏波浪相互作用而实现向前运动，整个过程中柔性通信缆与系带缆封而张紧、时而松弛。水面船体随着波浪升高时柔性缆张紧，水下牵引机在水面船的拉升力作用下向上并向前产生位移；水面船体随波浪下降时柔性缆松弛，水下牵引机在自身重力作用下下潜，在翼板的推动下向前滑翔。波浪滑翔机利用波浪升沉的能量形成向后的推力，更是做到完全靠自然动力推进，航程只受机械寿命的限制。波浪滑翔机运动过程如图 9-6(a)所示。

水下牵引机在上下振荡的过程中，能量转化翼板会因水阻作用上下摆动，将舟形上浮体吸收的波浪动力转化为水下牵引机的前向动能。能源系统则主要包含水密封锂电池与太阳能电池。

当在波浪作用下上升时，桨叶后缘自然下垂，但到 45°为止，然后就像摇橹一样，只是往上摇；当在波浪作用下沉时，潜航体靠重量自然下沉，桨叶后缘自然上翻，同样到 45°为止，然后“橹”往下摇。周而复始，产生前进的推力，如图 9-6(b)所示。

不过波浪滑翔机怕完全无风无浪的情况。海面平静似镜的时候，波浪滑翔机就彻底没有动力了。好在这样的天气一般阳光明媚，所以第二代波浪滑翔机在潜航体尾后增加了电动螺旋桨，在无风无浪的晴天用太阳能电池板直接驱动，如图 9-6(c)所示。

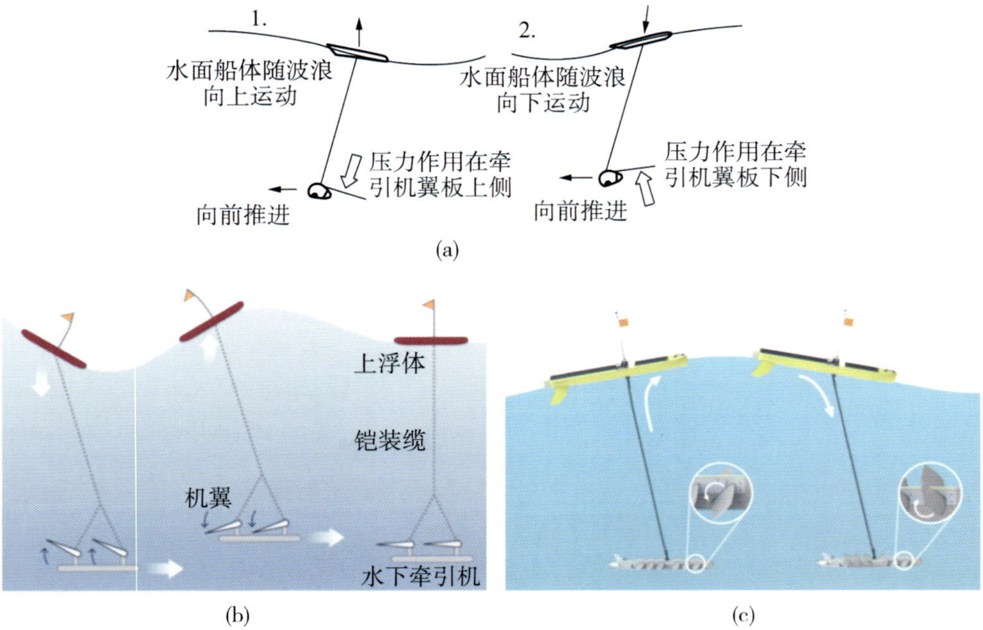

图 9－6　波浪滑翔机运动过程

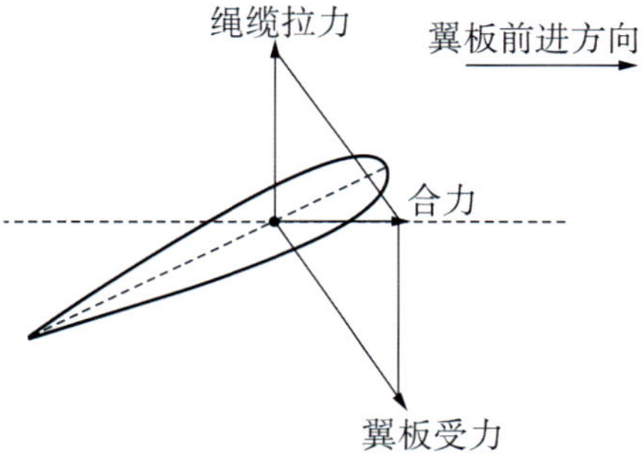

图 9－7　上升时翼板的受力情况

（图片来源：微信公众号 xiaok 海洋测绘网）

波浪滑翔机在上升过程中，水面浮体受到波浪上升的波浪力作用，随着波浪进行上升运动，此时通过绳缆拉动可实现向上运动。水下滑翔体在向上运动过程中，上面的六对翼板在波浪力的作用下向后下方转动，在绳缆拉力和翼板受力的作用下产生了向前运动的力，通过绳缆将力传递给水面的浮体，带动水面浮体向前运动。因此在上升的运动过程当中，波浪滑翔机将向上的波浪能转换为自身的动能，推动波浪滑翔机系统向前运动。由上述理论可知，产生水平驱动力的是转动了一定角度的翼板，图9－7 所示为波浪滑翔机在波浪上升运动过程中翼板的受力情况。

波浪滑翔机在下降过程中，水面浮体和水下滑翔体都在自身重力的作用下随着波浪下沉，水下滑翔体在自身重力以及密度的作用下，下降速度要比水面浮体的快，因此使得缆绳保持紧绷状态。水下滑翔体在下降过程中，其上的六对翼板在水动力的作用下向前上方转动，由于重力和水动力共同作用有一个前向的推力产生，带动水面浮体前进。所以当遇到波谷时，波浪滑翔机能够将向下运动波浪的波浪能转换为自身前进动能，推动整体系统向前运动。图 9－8 所示为波浪滑翔机在波浪下降运动过程中，翼板的受力情况。

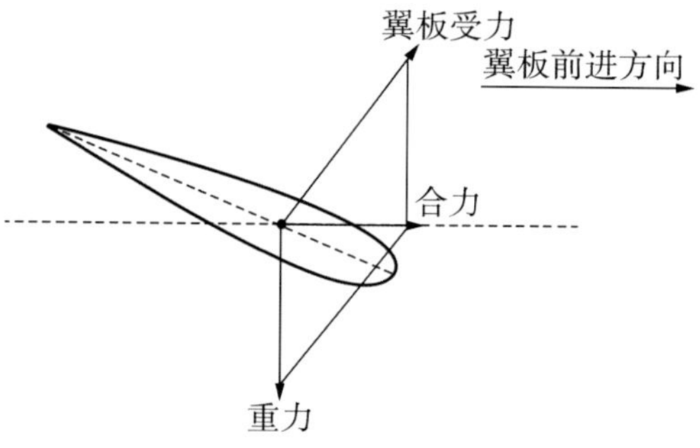

图 9－8 下降时翼板的受力情况

（图片来源：微信公众号 xiaok 海洋测绘网）

由以上分析可知，波浪滑翔机在运动过程中，波浪对翼板沿着水平方向的推力，在各个运动过程中都是沿着其前进的方向，这个方向上的推力拉动水下滑翔体前进，同时通过绳缆拉动水面浮体向前移动，从而实现波浪滑翔机整体持续地前进，这样就将波浪能转化为机械能。

9.2.4 通信系统

波浪动力滑翔机大部分时间工作于远海，传统的 GPS/GPRS 定位通信模式因脱离了基站的服务而几乎失效，只能采用卫星定位通信模式（图 9－9）。同时出于国家安全的考虑一般采用北斗卫星通信，综合利用 GPS 的大用户量无源定位处理方式和“北斗一号”通信链路 RDSS 的短报文通信模式，在波浪动力滑翔机向中

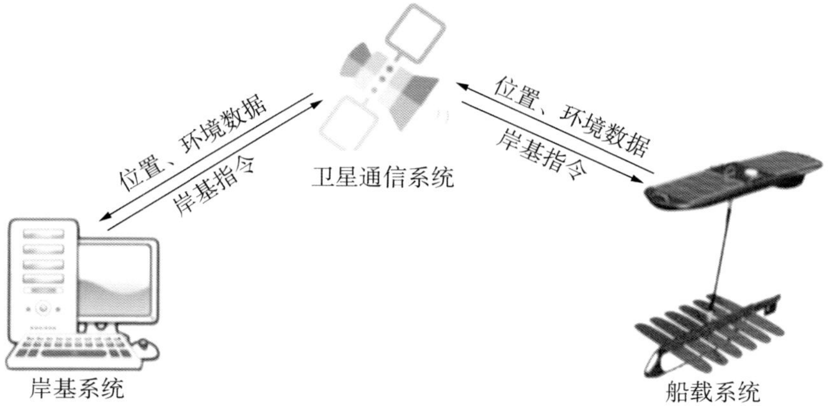

图 9－9 卫星定位通信模式

心站发送的通信信息中增加 GPS 测量内容，同时在原有“北斗一号”服务信息（中心站发出）的基础上增加 GPS 定位结果内容，实现用户端接收到的 GPS 观测量和岸基导航命令数据的交互，同时也能提高定位精度。

建设一个基于 Google Earth 和 GPS/北斗双模定位通信系统的软件平台，利用卫星通信与数据传输技术、矢量地图的轨迹显示和路径设定技术、环境监测数据的分类存储与管理技术，以及平台运行状态可视化查询技术等实现了在岸站对波浪动力滑翔机及其搭载的各类仪器进行全时段的可视化监视与控制，并完成对监测环境数据的接收、分类存储和可视化展示。

9.2.5 任务及传感器系统

水面母船设置有主控系统和通导设备等。“蓝鲸”波浪滑翔机具有自供能源、全球定位、卫星通信、自主导航等功能，可按照预设路径自主航行或者环绕预定位置虚拟锚泊。作为科考搭载平台，波浪滑翔机的水面艇体可搭载气象站、声学 Modem、荧光剂、测波仪和 ADCP 流速计等。

船上搭载的各式传感器解决了无人船自主导航、远程通信、数据采集等问题，使无人船能够免动力、长航时、低碳零排放地自主进行海洋环境探测、海上目标识别、自主避障、路径规划等任务。

9.3 关键技术

波浪滑翔器是近年来海洋环境监测技术领域出现的新型海洋自主观测平台。该平台完全利用环境能源，可以在广阔的海洋上进行长期的路径跟踪和位置保持，并通过卫星通信将搭载传感器测量的环境数据实时传达给监控基站，基站可视化显示平台状态和测量数据，并可基于矢量地图完成平台的路径规划等。

9.3.1 艇体技术

波浪滑翔机巧妙的机械结构设计，可以将海洋中的波浪能转化为航行的动力。水面母船随着波浪起伏的时候，会通过铠装电缆带动水下滑翔翼进行上下摇摆和升降，从而获得向前推进的动力（图 9 – 10）。

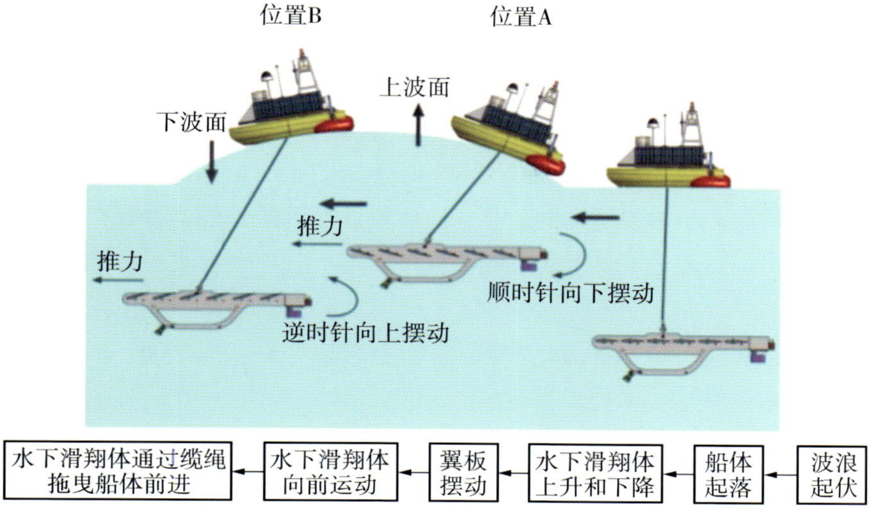

图 9－10　波浪滑翔机工作原理

浮体和滑翔机协同工作，以鲸类运动模式为原理，将从海洋波浪作用中收集的能量将平台推进水中。当浮体随着表面上的波浪作用而上升和下降时，滑翔机部分在距离“相对海面”相对静止的水中，将从平台之间的连接产生的垂直运动转换为向前的推力。由于平台的滑翔机部分低于大多数海况下的大部分表面波动作，因此附着在滑翔机上的“水翼”随着波浪作用上下旋转，从而将海洋表面的波浪能转化为机体前进的动力。由于波浪能在海洋表面长期存在，因此能够从根本上解决常规海上观测作业平台对能源的需求问题。

突破波浪能高效捕获及利用技术：基于扑翼摆动控制提高波浪的转化和利用技术，提升波浪滑翔机航速，增强其控位能力，拓宽应用领域。

9.3.2　智能控制技术

波浪滑翔机系统平台的搭建主要包括上位机与下位机的软件设计以及波浪滑翔机硬件设备的选型。首先根据自主设计的波浪滑翔机三维结构图制作波浪滑翔机船体。接着，将波浪滑翔机上的电机控制驱动模块、定位模块、北斗通信模块、姿态获取模块、AIS 及电源模块等进行调试与组装。软件方面主要包含定位信息解析、路径规划、状态信息、轨迹显示以及电机控制等。控制系统的核心控制单元选用工控机，系统能获取波浪滑翔机的经纬度坐标，对路径进行规划，计算波浪滑翔机的航行方向和角度，调整波浪滑翔机的尾舵偏转角度等，最终在没有人工干预的情况下，实现波浪滑翔机的路径规划。采用电子罗盘获取姿态信息，运动控制采用 Modbus 通信协议，通过 RS232 转 8 路开关量控制器控制波浪滑翔机的尾舵控制系统，实现航向的变化。历史轨迹坐标的获取和发送通过北斗无线通信的方式完成，路径规划采用 BINN 与 APF 算法。

利用波浪滑翔机随波运动的特点，在波浪滑翔机的舟形上浮体上安装测波传感器即可对海面波浪进行实时的观测，获取波高、波周期、波数和波向等波浪要素参数。

搭载应用温盐、温度链、气象、波浪、声学多普勒流速剖面、噪声、生态等传感器，实现了海洋多参数实时观测。

9.3.3 多平台跨域组网技术

开展多台(套)波浪滑翔机和水下、水面观测装备的组网应用，实现水下和水面的多参数、多维度跨区域实时观测，构建实时海面立体观测网络。

9.3.4 海面移动通信技术

利用波浪滑翔机的实时通信及强大负载能力，搭载水声通信装备实现水下观测数据的实时传输。以波浪滑翔机为水面通信中继，构建海面移动蜂窝网，实现水下装备与岸基控制中心的实时互联互通。

对于导航问题，波浪滑翔机的水面母船部分在水面运行，可通过水面母船上布置的 GPS 导航，实现实时接收信号，很好地解决了水下滑翔机在水下时不能接收 GPS 信号以及使用传统导航时会存在误差等问题。

9.4 应用现状

波浪滑翔器作为一种新型海洋无人自主航行器，有其独特的优势，它不受能源限制，通过利用波浪能与太阳能驱动航行，并搭载载荷实现长期观测。多套波浪滑翔器利用卫星通信可以实现组网互联，该平台搭载的各类载荷可以获取海洋多类观测要素，与水下滑翔机、海洋潜标等移动、固定平台互为补充，可以构建异构立体观测网络。

我国波浪滑翔机技术日趋成熟，国内自主研发的波浪滑翔机已经广泛应用于海洋环境监测、科学考察、水面/水下通信中继、海洋工程、海上安全与防务、渔业调查等领域(图 9－11)，成为了我国海洋领域国产化高端装备的知名产品。

图 9－11　波浪滑翔机海上应用

波浪滑翔机能够搭载各类传感器和电气设备，进行海底测绘、气象与海况动态监测、生态环境动态监测、渔业调查、岛屿巡护、海底数据链中继等工作。以波浪滑翔机为基础，可建立一套长时间在海洋中自主运行、对海洋信息进行实时动态监控、可远程操控和组网的集群监测体系，是满足国家政策要求、适应海洋监测应用场景需求、经济实用的理想产品形态。

军事应用领域主要用以建立封锁和反封锁网络为主，对重点航线、区域、岛屿进行无人巡视，具备易部署、不易被雷达发现、长时间续航等特点。同时根据其搭载的探测设备的不同，能够有效参与到反潜、反水雷的作业中。该平台还可作为空气与水两种介质的通信路由，承担地面控制端与水下战斗或探测端的通信中继工作。

波浪滑翔机具有使用成本低、应用范围广、扩展能力强、续航时间长及环境适应能力强等特点，为各型水面、水下探测设备提供可靠、高速、实时的通信手段，便于各项信息及时获取及对各型设备的远程控制，并且由于采用自然能源推进，具有低噪声特性，有良好的隐蔽性，在军事上可以实现秘密侦查、海域警戒等任务。

波浪滑翔机可以搭载高级有效载荷，例如化学、生物传感器等，能长期处于深远海域、对海洋环境进行大面积立体连续观测，大大提高了海洋科学探索与资源开发的效率与精度。可测量参数包括但不限于：海气界面风速、风向、温度、湿度、气压等；海水表层温度、盐度、声场、流场等；波浪要素的波浪高度、波浪周期、波浪数目、波浪能量谱等，同时也可挂载声学通信装置，为水下设备提供定位和通信中继等服务。

1. 布放准备工作

(1)海域与海况要求：波浪滑翔机的布放地点选取应遵循以下两个原则：①考虑天气因素，严禁在天气恶劣、海况差(海浪超过 3 m)的海区进行布放；②考虑人为因素，避免在近海渔业发达、渔民活动频繁、远洋船舶航道密集的区域进行布放。

以某海域布放为例，如图 9－12 所示，该区域布放时海况条件良好，渔民活动较少，布放区域的深度满足波浪滑翔器进行正常运行要求。

图 9－12　波浪滑翔机海上布放

(2)设备准备要求：①确认牵引机与船体稳定放置在布放小车上，将多余长度的铠装缆捋顺折叠，使用橡皮筋将其捆绑；②准备拉紧器及释放扣，释放扣上捆绑 6～10 m 长的释放脱绳，释放时扣脱、扣销子必须朝向船尾，将释放扣环绕牵引机、车架主体和船体用棘轮捆绑器扎紧，绑带上部穿过遮盖板中部，底部穿过牵引机三、四对水翼中间，安装绳扣并扳动拉紧器；③将设备整体起吊至船甲板上，避免设备顶部被大面积遮盖，以免影响正常充电及信号收发，使用绳索与船甲板可靠部位进行捆绑连接。

2. 设备布放过程

(1)布放架与底座拆解：将底座架上的四个卡扣全部旋拧开，使卡箍处于敞开状态。

(2)布放架起吊：使用四爪绳索起吊释放架两侧的四个专用挂环，直至布放架与底座分离。

(3)设备入水：调整布放设备方向，与布放船保持平行，使水翼突出一侧远离布放船，与船侧面保持1 m以上距离，释放绳应在起吊前从船体后部穿过尾部2条吊带中间。

(4)设备释放：将设备下放，直至船体漂浮在海面上，确认天线杆与绳索在无干涉的情况下拉动释放扣，设备脱离布放架(牵引机延浮体船方向与水面呈45°角迅速下滑，并带动船体向前脱离布放架)。

(5)回收布放架：起吊布放架，回收至船甲板，并与底座在此连接，捆绑加固。

(6)设备状态确认：布放船体停泊或怠速跟随在设备附近5 km以内，随船工作人员确认设备数据回传信息正常(回传5组信息无异常则可认定为正常)，布放工作完成。

3. 设备回收

(1)设备区域跟踪：依据岸基监控显示的设备经纬度，派遣回收船只按预定目标航行。当接近设备20 km范围内，每半小时进行一次点位更新或者更高频次地更新设备位置坐标，及时更正回收船只航向。

(2)AIS准确定位：接近设备5 km范围内，通过船载AIS定位设备确定具体位置(GPS定位精度在10～100 m，如果条件允许，还要继续参考GPS坐标)。接近设备1 km范围内船上工作人员仔细观察海面，可用望远镜协助观察。

(3)设备抓取：发现设备后，控制布放船只，侧向接近设备，使用起吊钩钩住设备回收绳套，注意规避钩挂、碰撞天线杆。

(4)船体回收：操纵吊机将设备水面母船缓慢提升，直至牵引机露出水面，提升过程中使用推杆保持水面母船方位，防止与回收船只发生碰撞。

(5)牵引机回收：若吊机可提升足够高度(＞8 m)，则直接将设备起吊至船甲板，依次下放牵引机及水面母船，然后将设备固定在布放车架上；若吊机无法提升到足够的高度，则将水面母船回收至甲板后，3人操作将牵引机拖拽至船甲板，然后将设备摆放在布放车架上。

10 智能无人艇

10.1 概述

智能无人艇(图 10 - 1)是一种具有很大潜力的智能化水面机器人，它可以在水面航行，并可同步开展多种活动，包括军事对抗、环境调查、人员搜救、巡逻侦察等。在军事领域，无人水面艇可以执行海洋战场环境调查、关键海域灭扫雷、海上反潜追踪、海上防护/拦截/打击等任务，是未来军事领域的重要发展方向之一；在民用领域，它可以用于执行浅水区海洋环境要素调查、极地冰区海洋环境调查、海上事故应急响应、海上污染区环境监测、海上重要人工构筑物安防巡逻等任务。由于无人水面艇具有自主性和智能化特性，可以大大降低人力和物力的投入，提高工作效率和安全性。同时，随着无人艇技术的不断成熟和完善，其性能和应用范围也将不断扩大，是未来军民两用的核心装备之一。

图 10 - 1　智能无人艇实物图

无人艇技术的应用最早起源于二战时期，在冷战期间得到快速发展，时至今日，无人艇逐渐从军事领域走向了民用领域。开展无人艇研制的国家主要有美国、以色列、法国、英国、德国、日本、俄罗斯、新加坡等。现有的无人艇绝大多数由美国及其盟国研制，其中美国和以色列在无人艇军事应用方面领先全世界。

国外对无人艇的研制起步时间相对较早，且当下的技术比较成熟。美国对无人艇的正式研制始于20世纪90年代，研制时间早加上投入力度大使得美国成为当下无人艇先进技术的掌握者，其早期研制的“遥控猎雷作战原型艇”(remote mine-hunting operational prototype)在1997年1月便成功进行了海上猎雷行动演习。图10-2为美国“海上猎人”无人艇。以色列作为发达国家，同时也是继美国之后的世界第二大无人艇研制技术的领先者，21世纪初就已经批量生产了其自主研发制造的“保护者”无人艇(图10-3)并装备在了部队，2017年3月以色列海军还成功测试了“海上骑士”无人艇分队，以期代替掉现役主力无人艇“保护者”。放眼整个世界，几乎所有国家都在研制开发无人艇，例如，2005年意大利研发了双体无人艇“Charlie”号，这艘艇可以对海洋界面的大气数据进行收集，也可以对水面表层样本取样。由于国外尤其是西方国家对无人艇研制的时间早且投入力度大，使得他们掌握了当下无人艇的先进技术。图10-4为土耳其“NB57”反潜型USV和“RD09”水面作战型USV无人艇。

图10-2 美国“海上猎人”无人艇

图10-3 以色列“保护者”无人艇

图10-4 土耳其“NB57”反潜型USV(左)和“RD09”水面作战型USV(右)无人艇

我国对于无人艇技术的研究工作开展得相对较晚，21 世纪初，我国才开始广泛进行关键技术的攻关，尤其是在智能控制、遥感探测等领域获得了具备多项自主知识产权的成果。如基于无线网络，上海海事大学开发的通过岸边基站和无人艇载体进行控制的“银蛙”号双体无人小艇，该艇可执行多项检测任务，包括近岸巡逻、水体采样、水文测量、搜救打捞等。在青岛奥运会帆船比赛上，我国首次采用“天象一号”无人艇进行气象资料采集及检测，该艇由中国航天科工集团研制，船体使用碳纤维材料，同时具备智能驾控、定位、搜索和成像等实用功能。珠海云洲公司开发的“领航者”号无人艇，其推进系统采用油电混合动力，最高可提供 30 kn 航速，能在 1000 km 范围内通过 GPS 或者北斗系统实现高精度定位，进行自主航行、自主作业和自动避障，在近岸水下地貌测绘、海洋调查、岛礁安防等领域得到了成功运用。在 2018 年的春节晚会上，由珠海云洲公司设计的 80 余艘小型无人船同时协同运行，列队成海上的“离弦之箭”穿过港珠澳大桥，实现了大规模的小型无人船编队航行。在 2017 年上海国际海事展上，哈尔滨工程大学展示了自主开发的“天行一号”智能无人艇，该艇采用深 V 艇型，油电混合动力(柴油机 + 喷水推进/表面桨)，最大航速达到 80 kn，推进系统使用静音螺旋桨，隐蔽性好、生存能力强。2017 年 6 月 28 日，我国无人船研发技术体系的正式成立加快了我国无人艇研制的进度。2018 年 2 月，华中科技大学研究所对其研制的 HUSTER-68 全自动无人艇进行了测试，实现了多艘无人艇的协同编队，初步展示了无人艇蜂群战术的应用。2018 年 11 月，中国第一艘察打一体导弹无人艇“瞭望者Ⅱ”(图10 – 5)在中国航展公开亮相。2020 年，在珠海万山无人船海上测试场组织的 10 艘异构无人艇的浅水地形集群组网协同测量演示验证。2021 年 12 月，云洲智能在广东省珠海市金湾海上风电场进行无人艇智能运维应用示范。

图 10 – 5 “瞭望者Ⅱ”无人艇

2022 年 9 月，南海调查中心在粤港澳大湾区珠江口海域，采用无人艇集群的作业方式开展海底基础调查项目。该项目在 55 d 内累计扫测了 2728 km^2 的海底区域，获得了较完整的大湾区近海海底区域地形地貌数据。2023 年 6 月，云洲智能无人船在珠海与中山交界海域助力海洋综合执法部门，深夜缉查海上非法捕捞。2024 年，由上海船舶研究设计院与 AI + 海洋科创中心、璞跃中国共同征集的“2023 年度 AI 赋能海洋国内外创新实践案例”中包括了多个无人船艇的应用案例，如数字孪生智能科研试验船“海豚 1”、绿色智能校园水上无人物流配送系统等。

尽管当下依旧是美国和以色列掌握着无人艇的核心技术，但是近年来随着国内改革开放的继续深化和经济的持续发展，我国在无人艇的研制方面显示出了后来居上的趋势。随着我国在无人艇研制开发领域持续加大投入，我国与世界先进水平的差距正逐步缩小。

国内外有大量机构在进行智能无人艇技术的研发工作，其中的企业包括：美国科学应用公司、美国通用动力公司、美国诺格公司、以色列埃尔比特系统公司、以色列拉斐尔先进防务系统公司、以色列航空工业公司、英国奎纳蒂克公司、英国 ASV 公司、德国阿特拉斯电子公司、法国 ECA 公司、日本雅马哈公司、中国云洲智能科技有限公司等；科研院所、高校包括：美国海军研究局、DAPPA、中国科学院沈阳自动化研究所、中国船舶重工集团有限公司旗下各研究所、哈尔滨工程大学、海军工程大学、上海海事大学、大连海事大学、上海大学等。图10 – 6 为上海大学研制的“精海”系列无人艇，图 10 – 7 为上海海事大学研制的“海腾”系列无人艇，图 10 – 8 为中国船舶重工集团有限公司旗下研究所研制的 JARI 无人作战艇。

图 10 – 6 “精海”系列无人艇

图 10 – 7 “海腾”系列无人艇

图 10 – 8 JARI 无人作战艇

目前绝大多数智能无人艇采用了基于载人船配置方式的常规设计，其作业方式、使用方式极大程度上参考了常规海洋调测船的施工惯例和模式，智能无人艇系统的操作性、稳定性很大程度上取决于船体性能、通信能力和自主控制精度，智能无人艇还无法具备独立、完整的作业能力，因此现阶段智能无人艇的运用是作为传统技术手段的复制和补充。未来随着材料技术、传感器技术、智能控制技术以及相关法规的发展，智能无人艇将逐步脱离传统船舶的设计思路，设计开发将从“以船为核心”转化为“以任务目的为核心”。

智能无人艇将从一种智能化水面搭载平台转变为针对某任务目的的作业系统，对人工干预的依赖性逐步降低，从控制端指令驱动的系统逐步发展成事件端驱动型分散式系统，初步具备独立、完整的作业能力，可替代部分传统调查手段和方法，同时随着各种针对无人平台特点研发的新型任务载荷将大幅度提升智能无人艇作业能力，催生出更多的基于智能无人艇应用的系统解决方案。

目前初见端倪的两类发展方向是新式特型平台和多智能体异构集群协同能力的扩展。新式特型平台突出单体针对特殊任务或极端环境的适应能力，如具备多模机动能力的可潜智能无人艇。i7 Engineering 公司研发的 SUBMARAN 风帆可潜智能无人艇，带有一面可收折的刚性帆，在水面航行时通过刚性帆调节攻角进行航行，在暴风浪环境下可潜入水下驻留或利用电能航行，该类可潜智能无人艇预计在极端气象过程观测、水下侦听等特定领域会有较大的发展。另一类发展方向是多智能体异构集群协同能力，其对跨介质通信能力、运动控制算法等的依赖度较高，虽然目前已有部分机构取得了突破性进展，如 Ocean Infinite 公司的 USV 和 AUV 的跨域组网、云洲智能科技有限公司的多船协同等，但针对更广阔的海洋调测、防务应用层面，技术水平仍有待提升。

对于智能无人艇舶发展，要通过开展合理的自主航行、海上通信以及岸基支持等工作的研究建立完善的体系，也要突破关键技术。另外需要重视智能无人艇舶的可靠性、稳定性，要经过长期反复的测试才能更好地实现，也要有配套国际与国内的水上法律法规，在对其进行科学有效的完善与优化中，为智能无人艇舶发展提供更好的保障。

10.2 组成

智能无人艇主要由艇体、动力与能源系统、导航与控制系统、通信系统、感知/信息采集系统、任务系统等组成，这六个分系统共同组成智能无人艇最基本的通用单元，可以独自操作运行，是为完成不同任务而设计的搭载平台，经由地面基站或母船进行控制或信息交换。图 10 - 9 描述了一艘智能无人艇的基本架构。

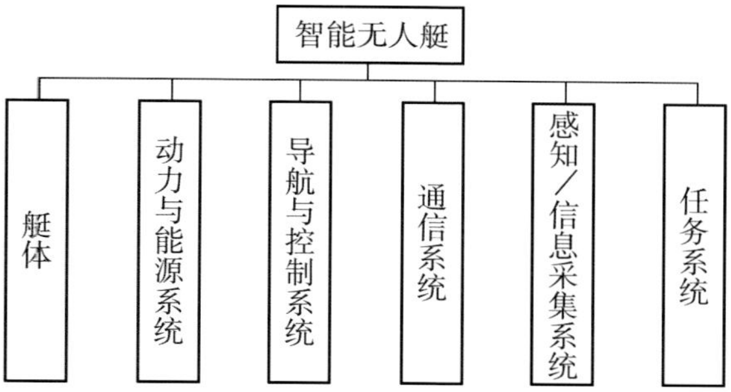

图 10 - 9　智能无人艇基本架构

10.2.1　艇体

船体设计与布置、材料与结构以及平台机械，是智能无人艇最基本的组成部分，为整个系统提供浮力、布置空间、执行机构以及必要的防护条件。艇型是最基本的组成部分，影响水面无人艇的安全性、快速性、平稳性及耐波性等参数，目前许多无人艇都在刚性充气艇的基础上进行设计。常用的船体材料有铝合金、玻璃纤维等，壳体中间为泡沫夹层，近年研制出的一些无人艇采用碳纤维与碳纳米管材料。

10.2.2　动力与能源系统

动力与能源系统包括推进系统和电源供给系统，它们为智能无人艇提供必要的水面机动能力，并为控制系统和任务载荷系统等提供电力支持。无人艇一般有两种推进方式，分别为螺旋桨和喷水推进。

10.2.3　导航与控制系统

导航与控制系统能够实时显示无人艇的位置信息，根据这些信息控制无人艇的航速、航向，以及在自主模式下实现自动路径规划等。这些系统主要包括定位导航系统、外部环境感知系统和平台状态感知系统，为智能无人艇运动决策与控制、自身状态监测提供必要的数据源及硬件、接口支持。

无人艇实现智能的第一步就是理解周围的环境，机器感知环境则主要依赖于传感器。一艘无人艇通常会搭载定位装置，如全球定位系统或更精确的差分全球定位系统。如果成本预算允许，也可以搭载较昂贵的惯性导航系统获知更全面的自身状态信息。无人艇一般也会搭载先进的自动识别系统 AIS 或自动雷达标绘仪实时提供其他船舶的信息，以供智能决策需要。

10.2.4 通信系统

通信系统包括控制端通信设备和执行端通信设备，为智能无人艇搭建执行任务所需的数据链路。经由地面基站或母船进行控制或信息交换。

10.2.5 感知/信息采集系统

无人艇上安装有大量的传感器，通过通信系统将采集到的信息传输给岸基主控站或母船平台。具有更高自主性的无人艇，可以根据感知/信息采集系统所采集的相关信息，对外界环境做出判断，从而执行相应的操作指令，如避障、避碰、路径规划、任务执行等。水面无人艇根据任务设计要求，如反潜、反水雷等，装备相应的任务系统。一些采用模块化设计的水面无人艇，能够执行多种任务，根据任务的需要，更换相应的任务模块。另外，无人艇还可以配备雷达、摄像头等视觉传感器和深度计等环境探测设备。

在感知环境的基础上，智能无人艇系统通过数据筛选、融合和模式识别等方式进一步理解环境，并计算出执行机构指令，以实现特定任务的预设目标。数据处理、路径规划及自动控制是智能无人艇运行的主要技术和方法。

10.2.6 任务系统

任务系统包括控制系统硬件和软件，是智能无人艇的“大脑”，通过全船的感知及控制设备，为智能无人艇处理、分析外部空间及内部环境信息，并根据核心控制算法实现自主航行、自主避障等功能，包括支持设备和交互软件，为操作人员对智能无人艇实施控制、了解状态信息、下达自主指令等操作。

任务载荷系统指智能无人艇用以执行任务的仪器、设备、武器及配套伺服机构、装置等，一般设计为即插即用模块，可根据不同任务目的和用途规划出不同的任务载荷系统。

10.3 关键技术

智能无人艇是海洋技术发展的产物，海洋技术发展目的是提升获取数据的精度、准度、广度以及连续性，同时提高获取数据过程的安全性并降低其成本。

海洋技术分为两个大方向，一是平台技术或称运载技术，主要指搭载体的设计、开发及应用等；另一个是传感器技术或称载荷技术，主要指仪器设备的设计、开发及获得数据的解析、存储和处理等。

从学科方向划分上来讲，狭义的智能无人艇属于海洋技术领域的平台技术。因此，智能无人艇的核心技术与海洋技术领域的核心技术是一致的，实质就是围绕任务目的、载荷原理、使用环境特点，以应用开发、功能开发为主体的系统设计。

10.3.1 环境感知与目标识别

水面尤其是海面是一个很复杂的区域，对于无人艇来说，要在这个极其复杂的区域进行相关活动的关键便是要拥有环境感知的能力。其次，要能够用该能力识别固定和移动目标，这些目标涵盖范围包括水面及水下。对于移动目标，不仅要识别检测，还要对其轨迹进行追踪，并根据追踪结果预测该物体下一步的轨迹。环境感知方面，在船上安装电子海图系统进而对岛礁等进行位置判断与识别，进一步地可以利用导航雷达系统对几千米内的海上水面目标进行识别，利用安装在船体上的光电视觉系统对一千米内的目标进行感知、判断与识别，而对于近距离的精细目标和水下一百多米的物体则可以利用船体上的激光雷达和水下声呐系统进行探测。除了这些感知设备要一应俱全之外，其必须还能够协同作业并将各自获取的数据递交给接下来的数据计算与航线规划系统。

环境感知是基于多传感器综合探知外部环境信息的一个过程，是无人艇自主航行的关键技术之一。无人艇在执行任务的水域航行时受到风浪流的影响较大，需要解决在恶劣海况下，艇体在持续颠簸条件下的水面目标探测和识别技术，这就需要开展在海面环境下障碍识别新理论和新方法研究，如图像预处理、滤波、边缘增强、障碍物检测以及动态背景和低信噪比条件下的目标检测方法研究，对多种传感器获取的信息进行融合处理，完成目标的跟踪、检测、识别与轨迹预测。

环境感知技术是无人艇自主航行、实现智能化决策、执行复杂任务的关键技术之一。无人艇面临着不断变化的环境，并且会受到一些突发因素的影响，例如，雾、强光、雨、波浪等因素的干扰，复杂的背景以及快速变化的视角，或是光学设备的突然失焦，这些因素都有可能导致系统误判，进而产生严重后果。

通常单一传感器不能全面地反映复杂海况，容易受到天气、距离、自身工作条件等因素的影响，所以需要利用光学设备、雷达、声呐等多种传感器进行数据融合处理，获取三维立体信息，再结合深度学习等算法，充分挖掘多源异构数据之间的有效信息，提升无人艇对环境信息的利用率和感知能力，实现自主航行、智能决策。

为了提高无人艇的功能性和感知能力，亟需进一步探究多源异构数据深层特征之间的内在联系，提高数据的利用率，构建鲁棒的实时融合处理系统，为后续控制决策和高级视觉任务提供可靠的数据支撑。例如，为了实现无人艇全天候环境的智能感知，避免光照和雨雾的干扰，需要将红外信息有效地融合。传统的方法通常是依赖人为设定的融合策略，这种方法无法处理复杂环境中的数据融合问题，缺乏自适应性；另一种是基于相似性加权多源图像融合的方法，用于无人艇的目标识别。近年来，深度学习逐渐应用于融合领域，采用自编码网络实现深层特征筛选和融合；Fusion GAN 模型采用生成对抗网络实现红外与可见光图像融合，这两种有代表性的深度图像融合算法，已取得较好的融合结果。

此外，2D 与 3D 信息融合也是研究的重点，这类方法针对可见光图像（RGB）与深度图像或是点云信息进行融合实现多维信息的补全，大致可以分为 Cascade Fusion 和 Parallel Fusion 两类融合模式，以满足高级任务的需求，提高无人艇的智能化程度。基于融合的方法效果提升明显，其中神经网络结构设计是关键。

智能目标分析技术，包括目标检测、识别和跟踪，有利于无人艇对海岸、船只等障碍物进行有效识别，完成避障，提高自身的生存和作业能力。

动态背景和低信噪比条件下的红外小目标检测与跟踪，仍然是一个具有挑战性的问题，常用的方法包括局部峰值法、形态学滤波、区域特性分析等。一种新的解决红外小目标检测问题的深度神经网络，将检测问题转化为对小目标位置分布的分类问题，对运动模糊的小目标具有很好的检测效果。

基于 Faster-RCNN、SSD、YOLO3 等深度学习框架的海面目标识别算法已经得到广泛研究，为了满足实时性的要求，通常结合轻量级的网络进行整体识别框架的构建。此外，3D 目标检测相比于 2D 图像检测结果，除了目标的类别、位置之外，还多了大小和方向，现在 3D 目标检测是一个研究的热点，在无人系统中有着重要的作用。为了充分利用多源信息提升无人艇的环境感知能力，提出了一种水面 3D 目标检测框架。首先，将 RGB 图像和点云进行配准融合并且作为深度模型进行输入；然后，通过区域生成网络和识别网络进行 3D 目标检测；最后，对整体框架进行优化提升了识别效率和精度。

传统的目标跟踪通常基于均值漂移、卡尔曼滤波、粒子滤波器和光流等方法。随后提出的相关滤波成为研究的重点，它使运算速度有较大提升。如今，基于深度学习的目标跟踪方法得到快速发展，初期的应用方式是将网络学习到的特征直接应用到相关滤波跟踪框架里，从而达到更好的跟踪结果。面对无人艇视觉跟踪中存在的尺度变化和形变等问题，提出了一种基于孪生神经网络相似性学习的方法，进一步提升跟踪效果。为了满足无人艇实时检测与跟踪的需求，结合深度学习和卡尔曼滤波对运动状态估计，提出了一种基于数据关联的多目标跟踪方法。同时，提出一种宽基线立体视觉系统用于无人艇的视觉导航。

10.3.2 数据计算与航线规划

数据计算与航线规划技术便是基于环境感知与目标识别所给的数据，利用安装在无人艇上的人工智能系统，应用 Dijkstra、contraction hierarchies 以及 highway hierarchies 等算法进行融合计算，接着分析出静态以及动态目标，对动态目标进行路径预测，从而建立起模型。再根据船体本身所面临的环境情况，人工智能系统自主推理和规划并做出适当的决策，实时进行人工智能控制与修正，从而选择并行走最优、最佳的航线。学者们普遍认为数据计算与航线规划是无人艇研制中一项极为关键的技术，而且其难度要远大于无人汽车的路线导航。

在传感器获取环境信息和无人艇自身在环境中相对位置的基础上，下一步就是根据特定任务找到一条从当前位置到目的地的路径，即路径规划。

路径规划问题通常涉及三个方面：完成任务，即从起始地到达目的地、避碰和实现性能指标最优，如时间或距离最短或能耗最小。本质上路径规划方法可以分为三类，即基于图的路径搜索方法、基于采样的路径搜索方法和基于数值优化的路径搜索方法。Dijkstra 和 Chabini 即为常用的基于图的路径搜索方法。这类方法需要已知运动环境，并对环境模型适当网格化，然后通过隐式遍历的方法找到一条从起始地网格到目的地网格的最短路径。这类方法可以保证规划路径的存在，但缺点是环境离散网格的大小较难设置，当设置为较大值时，所规划路径不具有最优性，不够平滑，因此不适合底层控制器跟踪；当设置为较小值时，计算复杂度大，对计算平台要求高。而且，这类方法对动态的变化环境不具有适应性。基于采样的路径搜索方法，如快速探索随机树 RRT(rapid-exploring random tree)则不同，可以通过延伸连续空间的节点快速生成可行路径，直到到达目的地。但是，这类方法生成的路径最优性不能保证，且可能出现扭曲或转折，使得控制器难以直接跟踪。基于数值优化的路径搜索方法，如移动时间窗法、人工势场法等可以根据设定目标，生成最优且平滑的路径，障碍物也可以方便地写为优化问题的约束条件或代价函数中的惩罚项(势场法)以实现避碰。为保证优化问题的易求解性和避免局部最优解，通常需要对路径最优性和计算时间进行权衡以保证算法实时性，如使用简化的系统质点模型等。近年来，人工智能方法如神经元网络、加强学习和遗传算法等也多与传统路径规划方法相结合以提高规划路径的性能或计算效率。此外，路径规划方法也可以分为离线路径规划、在线路径规划和两者结合路径规划方法。由于实际环境一般较复杂且动态变化，需要根据实际情况选取合适的路径规划算法或结合多种方法。对于无人艇，其规划的路径需要遵守国际海上避碰规则公约。SCOUT 和 Springer 两个无人艇平台已经实现了在简单相遇场景的路径规划中遵守该公约。

为了提升无人艇的自主航行能力，基于环境感知的智能路径规划技术是极为重要的。全局路径规划主要根据电子海图和航线中设置的约束点，规划一条从起始点到终点的最优路径，通常采用基于电子海图的启发式搜索算法，如蚁群算法、遗传算法、神经网络算法等。然而，大多数全局路径规划算法依赖电子海图等先验知识，无法应对未知情况下的水域和复杂多变的动态水面环境，只能进行静态和粗略的路径规划。

局部路径规划主要依据无人艇传感器获取的位置信息和环境信息，将信息融合后建立水面无人艇的运动模型，并融入国际海上避碰规则、曲率速度法等多种方法来解决在动态目标威胁下的局部避障规划问题。这些方法运用的前提大多是将水面无人艇视为质点，没有考虑其操纵性，而且忽略风浪、急流等外界条件对水面无人艇航行的影响。目前大部分的无人艇局部路径规划方法还不能应用于复杂的水域环境。

全局和局部路径规划方法各自存在局限性，都无法满足无人艇在复杂海况下的航行要求，因此提出了自适应智能路径规划方法。该方法利用多种传感器所获取的信息，感知水面、水下障碍物和风浪信息，结合电子海图和自身状态，采用多种策略，实时、自适应地调整路径，优化算法和参数，实现无人艇的动态规划，以满足复杂动态海面的自主航行任务要求。该方法将全局路径规划和局部路径规划结合起来，根据检测到的障碍物类型的不同，将其分为全局障碍物与局部障碍物、静态障碍物与动态障碍物。针对不同类型的障碍物，采取不同的规避策略，如局部动态障碍物需要根据运动轨迹预测其未来的位置等。在实际航行中经常会面临多障碍物的情况，此时应该综合考虑障碍物的类型、距离、运动速度等信息对障碍物分配权重，根据目标范围内所有障碍物的权重进行路径的动态规划。

10.3.3 运动控制与集群智能

运动控制与集群智能是继数据计算与航线规划后的又一大难点。例如，无人艇在航行过程中的航姿智能调整，这需要将计算机系统和微惯性航姿系统(AHRS)结合起来，用其来测量游艇三个方向的加速度、绝对角速度以及磁场强度。接着将姿态计算方法以及卡尔曼滤波信息相融合，从而得到载体的四元数和姿态数据等，最后依靠计算机进行航姿调整。再比如，无人艇集群协同控制技术，无人艇编队协同是集群智能中一个相对复杂的过程，涉及时间与空间上的多平台信息的相互配合，在形成特定编队形式或保持队形时需要使用蚁群算法(ant colony system，ACS)或微粒群优化算法(particle swarm optimization，PSO)等算法，再利用邻近原则(proximity principle)、稳定性原则(stability principle)以及多样性反应原则(principle of diverse response)等原则进行集群协同智能控制，其过程难度不亚于数据计算与航线规划。

针对海洋动力环境中风、浪、流对水面载具的影响，开发欠驱动运动控制算法，实现如高精度循线航行、高海况自航、自守位等功能。常规海洋调测多采用循线走航探测或定点剖面观测的方式作业。

智能无人艇体量小、推力有限，且属于典型的欠驱动运动体，因此容易受到海面动力因素的扰动，出现偏航距超限、航向不稳定、失速及大幅度摇动导致甲板上浪甚至倾覆的情况。

因此在智能无人艇运动控制方面，需要设计基于定位、姿态数据的前馈控制进行运动补偿，通过智能无人艇实时位置、航速、艏向、横纵摇、升沉数据，判断风、流的恒定扰动以及波浪的周期性扰动的强度、方向，结合智能无人艇惯性力、阻力、恢复力运动模型，提前干预推力矢量输出，确保智能无人艇能够以较高精度循线航行，或在高海况下通过艏向、推力调节确保智能无人艇不失速及发生大幅度横摇。

控制器可以根据特定任务目标，设计控制算法，计算达到这些目标底层驱动机构需要执行的指令。通常外部环境干扰、控制器所用模型与实际系统模型间的误差以及系统动态变化等因素对控制器有影响，控制器设计中普遍采用闭环反馈控制在一定程度上提高系统鲁棒性。简单来说，一个反馈控制系统通过测量系统输出，并比较此输出与其参考值，依赖系统模型和一定算法计算出修正输出偏差所需的控制输入，最后将此输入应用于被控系统以达到期望的系统轨迹。

对无人艇而言，依据控制目标的不同，一般有三类控制问题。第一类为定值控制，即参考值为一个定值，对应的控制器为调节器(regulator)。无人艇中常见的定速控制、航向控制和动力定位等问题都属于定值控制。定值调节控制器也是自动控制领域理论成果最为深入的一个领域。第二类为路径跟踪控制，即给定参考值为一条与时间无关的几何空间轨迹。船舶控制领域研究较多的 line-of-sight 就可以视为一种直线路径跟踪问题，也为参考轨迹为曲线的跟踪问题。第三类与第二类很相似，为与时间相关的轨迹跟踪控制，即参考轨迹是时间的函数。所涉及的控制目标一般为控制系统在指定的时间到达指定的状态(位置、速度等)。

对这些不同的控制问题，需提出不同的控制算法应用于无人艇。PID 控制算法是最早被提出也是至今为止应用最为广泛的控制算法。实际上，最先提出时的应用就是船舶航向控制。PID 之所以至今应用如此广泛，主要原因就是其实现相对容易、成本低廉。但是，PID 也有如参数难以调节、超调、难以处理约束条件、系统非线性及定量化优化系统性能等方面的不足。基于李雅普诺夫定理的非线性控制则可以很方便地处理非线性系统，且能给出系统解析，保证系统闭环稳定性。常见的非线性控制方法如反步法、滑膜控制法、反馈线性化法等也被应用于船舶控制。但是其应用并不是很广泛，一个主要原因就是系统分析通常较为复杂，且设计出的控制律通常只适用于某一类非线性特性的系统，并不具普适性，约束条件的处理也比较困难。智能控制方法如模糊逻辑控制，通常需要与其他算法结合使用，否则很难保证其可靠性。基于优化的控制可以定义一个性能函数，所以可以定量地衡量系统与设定目标的之间差距。如无人艇平台 Springer 就是采用线性二次高斯控制方法。预测控制方法 MPC(model predictive control)也是一种基于优化的方法，常应用于无人系统运动控制，如无人船和波士顿动力的机器狗，优化控制方法可以方便地处理系统约束，但同时面临求解实时性的问题，特别是对于所用系统模型较为复杂的情况。

多无人艇编队系统是当前水面无人艇的研究热点之一。与单艇作业相比，无人艇编队具有负载能力高、覆盖范围广、信息处理能力强等优势，在气象监测、应急救援、信息侦查等领域有广阔的应用前景。可以利用网络和通信技术，实现编队的整体控制。图 10 – 10 为无人艇集群。

图 10 – 10　无人艇集群

无人艇协同定位系统中，主艇搭载高精度导航设备，能够实现精确定位，从艇搭载低精度导航设备，需要计算与主艇的距离并与自身数据相融合来提高定位精度。无中心结构则是每个无人艇搭载相同精度的导航设备，在定位时无需区分主从关系。与主从结构相比，无中心结构无法从根本上解决高精度与低成本之间的矛盾。因此，主从无人艇协作导航是当前的主流方法。

编队控制主要有虚拟领航法、领航者—跟随者法等。各种方法都有其优缺点，目前还没有形成统一有效的算法。

对无人艇群自主队形控制以协同算法为主，通常仅关注于队形建立、任务分配等方面，而忽略艇的自身性能、艇间链路有效性、传感器特性、数据实时性等因素。许多研究中所提出的无人艇编队控制方法只在 Matlab 等仿真平台上进行验证，并且将验证条件理想化，未能准确还原实际情况。因此，现有的无人艇的编队控制算法仍有待在实际场景中进一步测试其有效性。

无人艇编队协同控制涉及支撑网络、信息共享、协同决策与规划、协同导引与控制等技术。随着无人化和智能化技术的发展，以及群体智能技术的成熟，无人艇编队协同控制技术将朝着智能化的方向发展，其中智能编队控制技术将扮演重要的角色。无人智能集群将颠覆传统的作战规则，发展自主决策能力、多艇编队智能协同将成为未来水面无人艇的发展目标。

10. 3. 4　艇体技术

当前现役的水面无人艇艇型多以刚性充气艇为主，如斯巴达侦察兵、保护者等水面无人艇均为该种艇型。虽然刚性充气艇在航速、航程上有其独特的优势，但在其他一些性能上并非是最优选择，如耐波性、平稳性、拖曳能力等。近年来出现多种类型的水面无人艇，如穿浪船、帆船、水翼船、双体船、三体船等，未来将会出现更多结构新颖、艇型多样的水面无人艇。另外水面无人艇能够更好地适应高海况作战，艇体也设计成封闭式。此外，艇体材料、雷达吸波涂层等也至关重要，能够以最大限度减小水面无人艇的雷达和红外反射特征，在实现驾驶性能的同时，兼具隐身功能。

围绕任务载荷原理、使用要求、作业方法等，对平台进行针对性设计，如振噪抑制、削弱航行扰动、动稳性优化、电磁兼容性优化等。常规海洋调测使用的仪器设备多为声学、光学、电化学接触式传感器。智能无人艇吃水浅、布置空间紧凑，因此各种仪器设备容易受到平台振动、自噪声、航行过程中的晃动和产生的水花、气泡附面层以及电磁辐射和动力系统排放等的影响，造成数据质量和作业效率下降。

因此在智能无人艇设计方面，就需要从系统效能的角度出发，围绕任务载荷原理和对工作环境要求，对智能无人艇从线形和结构设计、载荷布置方式、动力系统选型、推进装置优化、运动控制策略设计、供电系统设计等方面进行有针对性的特殊设计和处理。

10.3.5 模块化技术

目前多数水面无人艇都采用模块化技术，能够在短时间内按任务需求重新配置水面无人艇。未来对于模块化的标准，以及通用的平台、组件、接口等会进一步规范，缩短配置时间，以适应战场瞬息万变的战略战术需要。《无人系统综合路线图(2017—2042)》中对于模块化技术的发展做了进一步规划，提出软件、固件和硬件部件的模块化和可互换性。具体而言，经过认证的飞行系统的模块化任务子系统可以应用在其他无人系统，如水面无人艇上。此外还要实现无人系统之间的互操作性并且使用通用的系统语言和无人系统互操作性配置文件等。

10.3.6 自主性和智能控制技术

由于海上情况复杂多变，不仅包括静态障碍物、航行的船只，还包括水雷、潜艇、敌方兵力等诸多制约和威胁因素，这就需要水面无人艇具备更高级的自动目标识别能力，避障/避碰能力，并且能够根据环境情况做出判断或决策，如重新规划航行路径避开威胁区或者进行扫雷，最大程度确保航道安全，甚至可能包括武器发射在内更高程度的自主性等，这样可以减少与作战人员的通信/数据信息交互需求，从而摒弃宽带以及降低对作战人员的依赖性。人工智能(AI)和机器学习(ML)技术的进步也将进一步促进自主性水面无人艇更高水平地发展，使其可能近乎完全自主。

自主决策和自动控制技术水平的高低体现了无人艇的智能化程度的高低。基于多传感器信息融合的自主决策是无人艇实现智能化运动控制的关键技术，其主要内容为复杂海洋环境下无人艇自主决策理论与方法、运动的非线性控制理论与方法。为了提高无人艇的自主能力，航迹规划是必不可少的关键技术之一，基于电子海图和给定航路约束点情况下，无人艇需要自主规划出一条符合一定原则和约束条件的最优路径，采用在线规划时还需满足实时性要求，同时还要解决在动态目标威胁下的局部避碰规划问题。

10.3.7 布放与回收技术

目前水面无人艇可以在岸基、母船或运载飞机上布放。其中岸基布放时，用卡车进行运输，在码头、港口直接进行布放；在母船上进行布放与回收，其搭载濒海战斗舰到指定海域进行布放，布放与回收通常有三种类型：吊放式、艉滑道式和坞舱式。整个收放过程涉及到回收引导、对接、挂脱钩等多个技术难点，而且还要考虑海况、母船速度、恶劣环境等多重影响因素。未来对于水面无人艇的收放要求主要为快速性、便携性、通用性等，因而水面无人艇的收放时间、安全性、操作精度会进一步提升。

能否安全、自动、便捷地回收是影响无人艇高效任务的关键。由于艇体自身重量大，海上风浪流情况复杂，在无人艇的布放与回收过程中，很容易造成无人艇和母船的损坏。无人艇一般通过大型水面舰船平台进行布放和回收，主要采用吊放和斜槽两种方式，在低海况、低航速下，这两种方式具有可行性，但仍然存在效率低、安全性差、人员素质要求高等缺点。在布放回收技术领域，美国的水平最高，发展最快。为解决技术难题，美国海军开发了助力拖拽吊舱、自动导引钩锚系统用于辅助人力进行无人艇回收，大大提高了效率和安全系数。美国物理科学公司开发的新型布放回收系统，可使“斯巴达侦察兵”无人艇在母舰速度15～20 kn航行时实现布放回收。另外，美国密歇根州航空公司开发出了一套近海战斗舰充气式布放回收系统用于解决高航速、高海况下无人艇布放回收难的问题。

10.3.8 通信技术

针对高动态、多径效应影响突出的海面、水下复杂环境，需要开发健壮性强、稳定性好、低时延、高带宽的微波、水声通信技术。海上通信主要依赖微波（海面）和声学（水下）两种手段。

智能无人艇上建高度有限，且体量小、吃水浅、横纵摇、升沉幅值大，微波通信设备天线距水面高度小同时存在较大摇晃幅度的情况下，通信距离受限，且容易受水面多径效应影响造成信噪比下降，而水声通信由于带宽有限，往往只能进行极为有限的树下数据链支持。

因此在智能无人艇通信技术方面，需根据海洋环境的特殊性对通信系统进行设计，开发可应对高动态复杂水面环境的微波通信技术，以及更高带宽的水声通信技术，尤其是针对同构、异构平台间的多节点组网、跨介质通信，仍有较多难点需要解决。

无人船艇的通信技术主要涉及无线电通信、光学通信、水声通信三个方面，通信对象主要有无人船艇与母船之间、无人船艇之间，通信的内容主要有母船对无人船艇的指令信息、无人船艇实时回传的运动状态信息以及视频信息等，通信媒介在近距离可依靠甚高频通信，远距离可依靠卫星通信。在无人船艇的通信中重点解决超高频扩频通信与卫星通信信号的海上传输抗衰耗技术、抗多普勒频移技术和抗多种干扰技术问题。

10.3.9 数据融合与处理

智能船需要感知环境，并在此环境下进行定位和识别环境中的其他物体，这些都是通过船载的各种传感器采集数据，然后通过数据处理完成的。根据无人艇搭载的传感器和航行环境特征，其数据处理流程可以分为：原始数据获取，如相机和雷达数据；特征提取，如水路环境中物体的颜色、轮廓特征；物体匹配，主要根据航行环境中可能存在的物体特征与获取的特征数据进行匹配，从而判断物体类别，如其他船只、浮标、波浪等；最后根据识别的物体可以推断出无人艇自身所在的位置及相对危险态势，如交通流密度、是否在船闸附近、是否在港口区域等。其中，从原始传感数据到特征提取涉及不同类别传感器的数据，且原始数

4. 海洋数据测量与监测

无人船艇在水质监测、水下测绘等十几个方面将有数百亿美元的市场。我国至今未能全面普查南海海域地形地貌，其中一个重要的原因就是工作量太大。扫海通常以 5 m 间隔为一个测量点，探明这些水域的测量点将是一个天文数字。无人测绘船可通过搭载自主测绘仪和 GPS 自动作业，目前，我国这种无人测绘船精度可达到几十厘米，航行的里程达到 1000 km。图 10－11 为“海洋探测 1 号”无人艇。

图 10－11 “海洋探测 1 号”无人艇

我国近十多年来一直在发展在线监测技术，在水面放置浮标，或者在湖边安装设备，通过管道抽取水样。但这种技术的建设成本比较高，而且监测位置是固定的，用无人船艇进行在线监测就容易得多。基于这种移动在线监测，可以实现很多过去实现不了的功能，如把一个湖面地毯式监测一遍之后就可以拿到水质参数分布图，对于污染的分布、扩散情况一目了然，特别是对现在我国各大湖水藻暴发的预警和防治提出了新的办法和思路。图 10－12 为无人艇海上作业。

图 10－12 无人艇海上作业

5. 气象保障服务

新光集团研制的无人驾驶海上探测船"天象一号"曾为北京奥运会的青岛奥帆赛场提供气象保障服务。"天象一号"无人艇总长 6.70 m，宽度 2.45 m，总高 3.50 m，重 2.30 t，船体由玻璃钢和碳纤维制成，搭载了智能驾驶、雷达搜索、卫星应用、图像处理与传输等系统。在奥运会帆船比赛期间，无人船不仅进行了风速、风向、气温、湿度、水温、浪高、海水盐度等的测量，而且还能完成浮标无法做到的能见度的测量。"天象一号"探测船有人工遥控和自动驾驶两种驾驶方式，如途中遇到障碍物，可通过目标搜索识别系统和处理系统进行避让航行，且具有自稳定功能，可满足在高海况下进行工作。该船配备可靠的动力系统，航程可达数千米，一次航行可在海面作业 20 d 左右，填补了我国海洋气象动态探测空白，在应对海洋突发事件和监测海洋、大型湖泊等的环境及灾害预警等方面具有重要意义。

随着未来智能无人艇相关领域的发展，其技术成熟度会逐渐加深，应用范围逐渐扩展至海上风电场、海底电缆管道、跨海大桥等海上工程设施的定期巡检，以及航道灾后变化监测、珊瑚礁生态系统监测等领域。未来，在深远海调查、工程领域，智能无人艇将逐步取代部分常态化观测、监测、支持技术，进而转化为海洋调测、海洋工程的一种常规手段，同时系统具备完全独立、完整的作业能力，传统海洋作业模式将发生翻天覆地的变化。图 10－13 为无人艇在南极的应用。

图 10－13　无人艇在南极的应用

参考文献

[1] 董胜，廖振焜，于立伟，等．海洋科考装备技术发展战略研究[J]．中国工程科学，2023，25(3)：33－41.

[2] 王军成，孙继昌，刘岩，等．我国海洋监测仪器装备发展分析及展望[J]．中国工程科学，2023，25(3)：42－52.

[3] 吴天元，江丽霞，崔光磊．水下观测和探测装备能源供给技术现状与发展趋势[J]．中国科学院院刊，2022，37(7)：898－909.

[4] 王军成．新一代海洋监测技术——综合智能观测浮标[J]．智能系统学报，2022，17(3)：447.

[5] 李佳佳，王鹏静，汪晓菲．海洋无人系统智能装备关键技术分析[J]．船舶工程，2021，43(3)：110－116，145.

[6] 赵羿羽，曾晓光，金伟晨．海洋科考装备体系构建及发展方向研究[J]．舰船科学技术，2019，41(19)：1－6.

[7] 张云海．海洋环境监测装备技术发展综述[J]．数字海洋与水下攻防，2018，1(1)：7－14.

[8] 李硕，唐元贵，黄琰，等．深海技术装备研制现状与展望[J]．中国科学院院刊，2016，31(12)：1316－1325.

[9] 牟健．我国海洋调查装备技术的发展[J]．海洋开发与管理，2016，33(10)：78－82.

[10] 赍可荣，王斌．海洋装备智能化与智能化装备思考[J]．江苏科技大学学报(自然科学版)，2021，35 (2)：1－11.

[11] 薛翔．AUV 前视声呐成像与目标特征提取方法研究[D]．青岛：中国海洋大学，2011.

[12] 江帆，刘晓峰，林煦昊．发达国家海洋发展战略对我国海洋管理的启示[J]．海洋开发与管理，2013，30 (5)：5－8.

[13] 修斌．试论日本海洋战略的几个问题 [J]．中国海洋大学学报(社会科学版)，2014(1)：1－9.

[14] 张云海，汪东平．海洋环境移动平台观测技术发展趋势分析[J]．海洋技术学报，2015，34 (3)：26－32.

[15] 李震，王佳红．论我国深海工程装备的发展与海洋强国的崛起[J]．海洋开发与管理，2016，33 (1)：78－81.

[16] 吴自军，周怀阳．加拿大海底科学长期观测网的研究进展[J]．工程研究——跨学科视野中的工程，2016，8 (2)：131－138.

[17] 孙英顺．ROV 本体结构设计及动力学仿真研究[D]．杭州：杭州电子科技大学，2016.

[18] 申中寅．日本海洋实时监测系统 DONET 简介[J]．国际地震动态，2018(7)：34－40.
[19] 王悦静．我国海洋环境监测技术及系统的研究[J]．中国新技术新产品，2019(8)：124－125.
[20] 章繁荣．国产化海洋智能装备创新与推广应用[J]．海洋信息，2019，34（3)：50－58.
[21] 韦中燊．敢下九洋捉鳖——中国深海潜水器中的“龙”系列[J]．中国科技奖励，2020(4)：76－77.
[22] 马蕊，赵修涛，柳存根．海洋水下立体观测技术装备发展研究[J]．中国工程科学，2020，22(6)：19－25.
[23] 李佳佳，刘峰，马维良．国内外海洋无人系统智能装备产业发展现状[J]．船舶工程，2020，42(2)：25－31.
[24] 王建村，景春雷，田旭．美国大型海洋装备运维现状及对我国的启示[J]．海洋科学，2020，44(2)：171－179.
[25] 苏清磊，宁春林，李超，等．白龙浮标稳性试验设计方法研究[J]．海岸工程，2023，42(3)：241－252.
[26] 谭梦琳，刘臻，张晓霞，等．基于振荡水柱原理的大型海洋浮标供电系统设计及优化[J]．海岸工程，2023，42(4)：1－10.
[27] 高德洋，林良师，郭冉，等．基于 GNSS 浮标的波浪反演技术研究[J]．海洋技术学报，2023，42(4)：43－50.
[28] 张继明，刘世萱，陈世哲，等．海上风电场内激光雷达测风浮标摇摆运动的实验与仿真研究[J]．可再生能源，2023，41(8)：1044－1050.
[29] 李海龙，李凯，孔建华．基于 LabVIEW 的海洋浮标水质监测系统[J]．船电技术，2023，43(6)：102－105.
[30] 张新文，刘同木，周保成，等．基于物联网的浮标数据采集与控制系统设计[J]．海洋科学进展，2024，42(1)：1－11.
[31] 王军成，厉运周，杨英东，等．海洋资料浮标姿态信息测量技术研究现状及发展趋势[J]．海洋与湖沼，2023，54(5)：1239－1247.
[32] 王军成．新一代海洋监测技术——综合智能观测浮标[J]．智能系统学报，2022，17(3)：447.
[33] 王斌，孙宝楠，梁冠辉，等．一种新型海气多参数测量浮标数据采集系统[J]．海洋科学进展，2021，39(4)：636－647.
[34] 刘同木，张新文，周保成，等．一种新型激光雷达测风浮标设计及海试应用[J]．海洋测绘，2021，41(3)：74－78.
[35] 吴明东，盛松伟，张亚群，等．海洋波浪能浮标发展现状及前景[J]．新能源进展，2021，9(1)：42－47.
[36] 刘长华，张曙伟，王旭，等．三锚式浮标综合观测平台的研究和应用[J]．海洋科学，2020，44(1)：148－156.

[37] 柴辉，刘野，张继明，等．基于海洋资料浮标的单摆式波浪能发电装置仿真模型研究[J]．可再生能源，2018，36(9)：1398－1403.
[38] 余建星，韩彤，李林奇，等．海洋资料浮标水动力特性研究现状分析[J]．海洋湖沼通报，2017(4)：61－67.
[39] 李民，刘世萱，王波，等．海洋环境定点平台观测技术概述及发展态势分析[J]．海洋技术学报，2015，34(3)：36－42.
[40] 王波，李民，刘世萱，等．海洋资料浮标观测技术应用现状及发展趋势[J]．仪器仪表学报，2014，35(11)：2401－2414.
[41] 戴洪磊，牟乃夏，王春玉，等．我国海洋浮标发展现状及趋势[J]．气象水文海洋仪器，2014，31(2)：118－121，125.
[42] 范秀涛，邵萌，孙金伟，等．大型海洋资料浮标的运动性能研究[J]．海洋技术学报，2014，33(1)：29－32.
[43] 翟振和．GNSS 浮标技术标定卫星雷达高度计的发展现状[J]．数字通信世界，2013(S1)：72－74.
[44] 万晓正，范秀涛，周伟，等．SH-1 型组装式大型浮标的设计[J]．山东科学，2012，25(5)：58－62.
[45] 吴明东，盛松伟，张亚群，等．海洋波浪能浮标发展现状及前景[J]．新能源进展，2021，9(1)：42－47.
[46] 张素伟．基于 MATLAB/GUI 的 HM2000 型剖面浮标水下运动仿真计算[J]．中国科技信息，2023(16)：133－135，138.
[47] 彭玉荣，何晓阳，马刚，等．Argo 海洋数据管理及应用——以西北太平洋为例[J]．中国科技信息，2023(13)：133－136.
[48] 温福详，周赫雄，赵晓磊，等．深海剖面浮标上浮运动能耗优化及控制策略[J]．舰船科学技术，2022，44(4)：72－76，131.
[49] 李鲁彦，李醒飞，姜明波，等．深海自持式剖面浮标水动力特性分析[J]．海洋湖沼通报，2021，43(4)：46－54.
[50] 陈新刚，喻鹏，刘大钢．基于自持式剖面浮标的目标电场探测方法研究[J]．中国造船，2020，61(S1)：31－39.
[51] 林越，李洪宇，文艺成，等．深海自持式剖面浮标浮力变化规律[J]．浙江大学学报(工学版)，2020，54(7)：1440－1448.
[52] 刘家林，李醒飞，杨少波，等．“浮星”自持式剖面浮标研究现状及进展[J]．海洋技术学报，2019，38(6)：17－23.
[53] 房美琦，李醒飞，姜明波，等．深海剖面浮标的 RBF-PID 定深控制[J]．信息与控制，2019，48(6)：641－648.
[54] 刘增宏，王德亮，卢少磊，等．北斗剖面浮标数据服务系统设计与业务运行[J]．数字海洋与水下攻防，2019，2(3)：13－21.

[55] 刘增宏，曹敏杰，卢少磊，等．南海 Argo 区域海洋观测网设计与构建[J]．数字海洋与水下攻防，2019，2(2)：7－14.
[56] 沈锐，王德亮，刘增宏，等．HM2000 型剖面浮标的主要特征及其应用[J]．数字海洋与水下攻防，2019，2(2)：20－27.
[57] 卢少磊，李宏，刘增宏，等．全球海洋 Argo 网格数据集制作与可靠性验证[J]．数字海洋与水下攻防，2019，2(1)：29－34，46.
[58] 张云海，刘来连，杨小辉，等．实时传输潜标及自持式剖面漂流浮标产品化技术研究总结报告[J]．科技创新导报，2016，13(5)：172.
[59] 卢少磊，孙朝辉，刘增宏，等．COPEX 和 HM2000 与 APEX 型剖面浮标比测试验及资料质量评价[J]．海洋技术学报，2016，35(1)：84－92.
[60] 吴晓芬，张启龙，刘增宏．基于 Argo 资料的西太平洋暖池体积季节和年际变化及暖水来源[J]．中国科学：地球科学，2014，44(12)：2721－2734.
[61] 卢少磊，李宏，刘增宏．Argo 盐度资料延时质量控制的改进方法[J]．解放军理工大学学报(自然科学版)，2014，15(6)：598－606.
[62] 卢少磊，许建平，刘增宏．南半球微波遥感 SST 与 Argo 浮标 NST 的异同分析[J]．海洋预报，2014，31(1)：1－8.
[63] 李宏，许建平，刘增宏，等．全球海洋 Argo 网格资料集及其验证[J]．海洋通报，2013，32(6)：615－625.
[64] 江帆，魏兆强，马昕，等．低功耗双处理器漂流浮标系统[J]．海洋技术学报，2023，42(5)：44－55.
[65] 邢霄波，王斌，陈朝晖．黑潮延伸体海域漂流式海气界面浮标数据分析与评估[J]．海洋与湖沼，2023，54(3)：634－644.
[66] 陈红霞，林丽娜，窦银科，等．无动力海面移动观测平台特点、进展与发展趋势分析[J]．海洋技术学报，2023，42(1)：32－39.
[67] 薛帅宁，孔卫奇．基于海洋气象漂流浮标的动态测风技术研究[J]．计算机测量与控制，2023，31(6)：12－18.
[68] 秦世广，雷勇，李肖霞，等．国产海洋气象漂流浮标运行评估分析[J]．气象科技，2022，50(4)：467－475.
[69] 陈红霞，杨望笑，林丽娜，等．基于全球导航卫星系统和铱星通讯的表面漂流浮标设计及其试验性应用[J]．海洋技术学报，2021，40(4)：8－15.
[70] 王辉，丁军航，兰勇，等．表层漂流浮标系统超低功耗改进设计及实现[J]．现代电子技术，2021，44(12)：115－120.
[71] 王辉．表层漂流浮标系统优化设计[D]．青岛：青岛大学，2021.
[72] 王有志．基于耐波性的小型表层漂流浮标的研究与设计[D]．大连：大连海事大学，2020.
[73] 徐珂．漂流浮标设计及其水动力性能研究[D]．青岛：青岛科技大学，2020.

[74] 张茜，张少永，高超，等. 基于北斗通信的海洋多要素观测系统设计[J]. 海洋技术学报，2019，38(3)：28－33.

[75] 张茜. 基于多种通信方式的多参数表面漂流浮标设计[D]. 天津：国家海洋技术中心，2019.

[76] 王鹏. 新型表层漂流浮标的研制[D]. 青岛：青岛科技大学，2017.

[77] 张少永，李文彬，商红梅，等. 北斗一号卫星导航定位系统在抛弃式海洋移动观测平台的应用[J]. 海洋技术学报，2014，33(2)：93－98.

[78] 马庆锋. 漂流浮标数据采集系统设计[D]. 青岛：中国海洋大学，2009.

[79] 王鑫，吴平伟，黄纬，等. 海洋电磁测量单点系泊潜标系统平衡姿态分析[J]. 山东科学，2023，36(1)：1－9.

[80] 伍汉青，周伟，杨群慧，等. 基于海洋潜标观测数据压缩的数据预处理算法[J]. 海洋技术学报，2022，41(4)：1－9.

[81] 袁东方，朱兵，夏寅月，等. 极地锚碇潜标系统回收探索与研究[J]. 极地研究，2022，34(1)：130－138.

[82] 杨宇，杨伟丙，李宸尧，等. 基于模糊故障树的潜标系统布放回收风险评估[J]. 水下无人系统学报，2022，30(1)：122－127.

[83] 王蓓，陈永华，于非. 深海潜标姿态的动力学仿真分析与验证及沉降原因探究[J]. 海洋科学，2021，45(7)：81－94.

[84] 王蓓. 半潜升降式准实时传输潜标系统动力学分析[D]. 北京：中国科学院大学(中国科学院海洋研究所)，2021.

[85] 李楠，黄汉清，赵晓. 水下实时观测潜标系统技术发展[J]. 数字海洋与水下攻防，2021，4(2)：99－106.

[86] 毛凯. 一种深海探测潜标的设计与研制[D]. 杭州：杭州电子科技大学，2020.

[87] 闫庆勋，于洋，朱友生. 深海底流观测系统设计与应用[J]. 海洋工程装备与技术，2018，5(S1)：214－219.

[88] 丁巍伟，黄豪彩，朱心科，等. 一种新型潜标式海洋地震仪及在海洋地震探测中的应用[J]. 地球物理学进展，2019，34(1)：292－296.

[89] 张云海. 海洋环境监测装备技术发展综述[J]. 数字海洋与水下攻防，2018，1(1)：7－14.

[90] 宗振，蔡晓冬，刘玉良. 潜标式海洋探测仪控制系统及模块设计[J]. 海洋技术学报，2017，36(5)：22－26.

[91] 戴国群，丁星胜，唐俊，等. 海洋潜标新型电源系统研制[J]. 电源技术，2017，41(6)：932－934.

[92] 姚超玲. 自主前进式剖面潜标运动机理研究[D]. 杭州：浙江大学，2017.

[93] 葛德宏，朱海，高大远，等. 深海潜标布放运动与定深控制策略研究[J]. 舰船科学技术，2016，38(13)：87－90.

[94] 喻剑，蒋平，佘湖清，等. 深海垂直剖面实时监测潜标技术设计报告[J]. 科技创新导报，2016，13(5)：172－173.

[95] 王书新. 基于潜标平台的湍流观测系统数据处理与分析研究[D]. 青岛：中国海洋大学，2015.

[96] 王嘉鑫. 深海潜标监测数据及时回收技术研究[D]. 大连：大连理工大学，2015.

[97] 周阳. 海洋定点监测升降式浮标控制系统研制[D]. 杭州：杭州电子科技大学，2013.

[98] 唐松，米智楠，李伟雄，等. 水下锚系观测系统着底动力学时域分析[J]. 液压气动与密封，2021，41(4)：39－44.

[99] 化娜丽，陈小刚，陈萍，等. 海洋环境监测立体感知体系[J]. 中国海洋平台，2021，36(1)：78－83.

[100] 郝天珧，郭永刚，张艺峰，等. 线缆式海底地震观测技术——以涪屿岛海底地震观测台为例[J]. 地球物理学报，2019，62(11)：4323－4338.

[101] 单体坤，杨涛，马文良，等. 新型多功能抗拖网海床基设计[J]. 中国海洋平台，2018，33(2)：16－21.

[102] 于凯本，杨涛，高健，等. 基于 Flow-3D 的抗拖网海床基冲刷数值模拟[J]. 海洋学研究，2017，35(3)：91－98.

[103] 李民，刘世萱，王波，等. 海洋环境定点平台观测技术概述及发展态势分析[J]. 海洋技术学报，2015，34(3)：36－42.

[104] 胡展铭，史文奇，陈伟斌，等. 海底观测平台——海床基结构设计研究进展[J]. 海洋技术学报，2014，33(6)：123－130.

[105] 高健. 抗拖网海床基沙土基床冲刷机理及数值模拟研究[D]. 青岛：青岛科技大学，2014.

[106] 于凯本，刘珂. 国外抗拖网海床基技术现状与进展[J]. 气象水文海洋仪器，2013，30(2)：116－119.

[107] 于凯本，刘忠臣，魏泽勋，等. 浅水区抗拖网 ADCP 海床基的研制[J]. 海洋技术，2012，31(1)：41－44.

[108] 齐尔麦，张毅，常延年. 海床基海洋环境自动监测系统的研究[J]. 海洋技术，2011，30(2)：84－87.

[109] 张亚军. 大型 AUV 及其水面侦察技术浅析[J]. 数字海洋与水下攻防，2023，6(4)：406－412.

[110] 李倩，黄鸿殿，徐贵鹏，等. AUV 协同定位性能与编队构型分析[J]. 仪器仪表学报，2023，44(7)：203－213.

[111] 周帅，王征，杨洋，等. 自主水下航行器路径规划技术综述及展望[J]. 舰船电子工程，2023，43(3)：1－6.

[112] 蔡巍，陶春辉，王渊，等. 自主水下机器人海底热液区应用综述[J]. 机器人，2023，45(4)：483－495.

[113] 闫敬，陈天明，关新平，等. 自主水下航行器协同控制研究现状与发展趋势[J]. 水下无人系统学报，2023，31(1)：108－120.
[114] 王亚波，张可，赵恩娇. 无人水下航行器智能避碰系统技术研究综述[J]. 兵器装备工程学报，2023，44(4)：53－59.
[115] 张淏酥，王涛，苗建明，等. 水下无人航行器的研究现状与展望[J]. 计算机测量与控制，2023，31(2)：1－7，40.
[116] 宋保维，潘光，张立川，等. 自主水下航行器发展趋势及关键技术[J]. 中国舰船研究，2022，17(5)：27－44.
[117] 张华楠. 面向AUV多目标路径规划的模糊算子设计及应用研究[D]. 桂林：桂林电子科技大学，2022.
[118] 方红伟，李紫嫣. 自主水下航行器能源系统技术综述[J]. 电力系统及其自动化学报，2022，34(8)：18－26.
[119] 王敏健. 考古AUV水动力分析及壳体外形设计[D]. 上海：上海海洋大学，2021.
[120] 孟中祥，刘时圆，吕珍斌. 多AUV集群控制技术综述[J]. 数字海洋与水下攻防，2020，3(6)：509－515.
[121] 黄玉龙，张勇刚，赵玉新. 自主水下航行器导航方法综述[J]. 水下无人系统学报，2019，27(3)：232－253.
[122] 穆俊辰. 抵近观测型AUV组合导航与抗机械手扰动控制技术研究[D]. 杭州：浙江大学，2019.
[123] 孙叶义，武皓微，李晔，等. 智能无人水下航行器水下回收对接技术综述[J]. 哈尔滨工程大学学报，2019，40(1)：1－11.
[124] 屈新雨，王征. 水下滑翔机研究应用现状及未来展望[J]. 船电技术，2023，43(11)：27－32.
[125] 王天霖，金翔. 小型自动布放水下滑翔机概念方案及应用展望[J]. 船舶，2023，34(2)：94－99.
[126] 杨绍琼，李元昊，孙通帅，等."海燕"号谱系化水下滑翔机技术发展与应用[J]. 水下无人系统学报，2023，31(1)：68－85.
[127] 石晴晴，牛文栋，张润锋，等. 水下滑翔机路径规划研究综述及展望[J]. 中国舰船研究，2023，18(1)：29－42，51.
[128] 廖东俣，凌铁军，张蕴斐，等. 基于南海水下滑翔机观测的业务预报系统温盐分析数据评估[J]. 海洋科学进展，2022，40(3)：435－448.
[129] 刁宏伟，李宗吉，王世哲，等. 水下滑翔机研究现状及发展趋势[J]. 舰船科学技术，2022，44(6)：8－12.
[130] 唐庆辉，范开国，徐东洋. 海洋无人观测装备发展与应用思考[J]. 数字海洋与水下攻防，2021，4(5)：401－404.
[131] 刘雁集，杨勇，张桂臣. 水下滑翔机及其应用技术发展[J]. 船舶工程，2021，43(9)：

14－21.
[132] 张继威，于复生，隽志龙，等．水下推进形式应用现状及发展趋势[J]．船舶工程，2021，43(6)：61－65，78.
[133] 于文举．水下滑翔机姿态控制与路径优化[D]．青岛：青岛大学，2021.
[134] 杨明．长航程水下滑翔机系统设计及关键参数优化研究[D]．天津：天津大学，2021.
[135] 刘子琪，兰世泉，杨绍琼，等．基于水下滑翔机平台的海洋声学探测技术发展现状与展望[J]．数字海洋与水下攻防，2021，4(1)：8－14.
[136] 毛柳伟，杜度，李杨．水下滑翔机集群应用现状与关键技术展望[J]．舰船科学技术，2020，42(23)：13－20.
[137] 方尔正，周子凌，桂晨阳．水下滑翔机原理与应用[J]．国防科技工业，2020(8)：66－68.
[138] 孙芹东，兰世泉，王超，等．水下声学滑翔机研究进展及关键技术[J]．水下无人系统学报，2020，28(1)：10－17.
[139] 吴尚尚，李阁阁，兰世泉，等．水下滑翔机导航技术发展现状与展望[J]．水下无人系统学报，2019，27(5)：529－540.
[140] 夏城城．水下滑翔机系统设计与优化[D]．杭州：浙江大学，2018.
[141] 陈刚．大浮力驱动水下滑翔机特性研究[D]．北京：中国舰船研究院，2014.
[142] 孙秀军，张海嵩，桑宏强，等．波浪滑翔器智能海洋环境噪声观测系统[J]．声学技术，2023，42(5)：580－587.
[143] 孙秀军，陈重喆，周莹．波浪滑翔器航向控制方法与实验研究[J]．力学与实践，2024，46(3)：581－592.
[144] 周莹，于佩元，孙秀军，等．波浪滑翔器海洋观测数据质量控制研究[J]．水下无人系统学报，2023，31(2)：316－322，328.
[145] 刘胜，王征．波浪滑翔机襟翼辅助推进控制系统设计[J]．声学与电子工程，2022(4)：17－23.
[146] 王震，桑宏强，孙秀军．波浪滑翔器编队避障方法[J]．科学技术与工程，2022，22(21)：9176－9181.
[147] 张明赛．新型仿生波浪能滑翔器的设计与研究[D]．青岛：青岛科技大学，2022.
[148] 刘芬，彭彬，孙秀军，等．波浪滑翔器柔性水翼推进性能数值仿真分析[J]．水下无人系统学报，2021，29(4)：374－382.
[149] 孙佳．波浪滑翔器海洋环境监测系统设计与实现[D]．青岛：青岛科技大学，2021.
[150] 孙秀军，桑宏强，李灿，等．“黑珍珠”波浪滑翔器研发综述[J]．海洋科学，2020，44(12)：107－115.
[151] 郑皆倞，孙文秋实，李超．海上无人波浪滑翔机的应用与发展[J]．科技导报，2020，38(21)：134－143.
[152] 张喆．波浪滑翔机器人的水动力分析与计算[D]．沈阳：沈阳工业大学，2019.

[153] 杨富茗. 波浪能滑翔机水动力性能研究及样机研制[D]. 哈尔滨：哈尔滨工业大学，2019.
[154] 廖煜雷，李晔，刘涛，等. 波浪滑翔器技术的回顾与展望[J]. 哈尔滨工程大学学报，2016，37(9)：1227－1236.
[155] 郑华荣，魏艳，瞿逢重. 水面无人艇研究现状[J]. 中国造船，2020，61(S1)：228－240.
[156] 蒲进菁，刘涵，江云华，等. 无人船现状及发展趋势综述[J]. 海洋信息，2020，35(1)：6－11.
[157] 侯瑞超，唐智诚，王博，等. 水面无人艇智能化技术的发展现状和趋势[J]. 中国造船，2020，61(S1)：211－220.
[158] 张树凯，刘正江，张显库，等. 无人船艇的发展及展望[J]. 世界海运，2015，38(9)：29－36.
[159] 唐杭斌. 水面无人艇研究现状与发展趋势[J]. 船舶物资与市场，2020(3)：13－14.
[160] 申云磊，高霄鹏. 无人艇的研究现状与进展[J]. 船电技术，2018，38(9)：7－10.
[161] 董超，刘蔚，李雪，等. 无人水面艇海洋调查国内应用进展与展望[J]. 导航与控制，2019，18(1)：1－9，43.
[162] 李家良. 水面无人艇发展与应用[J]. 火力与指挥控制，2012，37(6)：203－207.
[163] 梁晓龙，王宁，王维佳，等. 海上跨域无人集群研究进展综述[J]. 空军工程大学学报，2023，24(5)：2－15，1.
[164] 李博宸，牛双诚，丁璐，等. 面向海上目标打击的无人编组弹性运动规划[J]. 航空学报，2024，45(12)：1－14.
[165] 刘海燕. 美国无人艇桥墩冲刷检测[J]. 世界桥梁，2023，51(5)：123－124.
[166] 于南洋，董堰川，孔淋淋. 水下地形测量中无人船测量系统的应用[J]. 中国水运，2023(9)：93－95.
[167] 李俊，李怀进，汪振华，等. 海洋牧场组合式无人监测船设计与试验[J]. 上海海洋大学学报，2023，32(5)：1048－1058.
[168] 徐筱波，叶锴，王登峰. 无人水面艇关键技术及军事应用[J]. 广东造船，2023，42(4)：35－38.
[169] 高霄鹏，刘冬雨，霍聪. 水面无人艇运动规划研究综述[J]. 舰船科学技术，2023，45(16)：1－6.
[170] 汪锡清，胡翠萍，何卫春，等. 无人测量船感知系统中激光雷达技术应用研究[J]. 舰船科学技术，2023，45(15)：87－90.
[171] 徐亮，王欣安，刘希，等. 中大型无人船舶自主系统架构设计研究[J/OL]. 中国舰船研究，https：//doi. org/10. 19693/j. issn. 1673－3185. 03218.
[172] 姜登耀，苑明哲，刘继海，等. 无人艇避碰技术研究综述[J]. 舰船电子工程，2022，42(12)：24－29，69.

[173] 孙文祺，王文龙，姜兆祯，等. 海洋观测无人艇发展现状与展望[J]. 中国造船，2022，63(5)：256-271.

[174] 赵亮，王芳，白勇. 水面无人艇路径规划的现状与挑战[J]. 船舶工程，2022，44(4)：1-7，48.

[175] 徐慧丽，黄大志，付晓月，等. 水面无人艇收放系统发展综述[J]. 中国高新科技，2021(24)：120-121，142.

[176] 彭周华，吴文涛，王丹，等. 多无人艇集群协同控制研究进展与未来趋势[J]. 中国舰船研究，2021，16(1)：51-64，82.

[177] 朱健楠，虞梦苓，杨益新. 无人水面艇感知技术发展综述[J]. 哈尔滨工程大学学报，2020，41(10)：1486-1492.

[178] 张京晶，万宇婷. 测量无人艇研究进展综述[J]. 海洋测绘，2020，40(4)：39-43.

[179] 王石，张建强，杨舒卉，等. 国内外无人艇发展现状及典型作战应用研究[J]. 火力与指挥控制，2019，44(2)：11-15.

[180] 秦梓荷. 水面无人艇运动控制及集群协调规划方法研究[D]. 哈尔滨：哈尔滨工程大学，2018.